微咸水膜下滴灌-引黄补灌水土环境效应研究

李金刚　金　秋　何平如　陈　丹　等著

黄河水利出版社

·郑州·

图书在版编目(CIP)数据

微咸水膜下滴灌-引黄补灌水土环境效应研究/李金
刚等著. —郑州:黄河水利出版社,2024.2
ISBN 978-7-5509-3825-0

Ⅰ.①微… Ⅱ.①李… Ⅲ.①滴灌-研究 Ⅳ.
①S275.6

中国国家版本馆 CIP 数据核字(2024)第 011667 号

策划编辑 贾会珍 电话:0371-66028027 E-mail:110885539@qq.com

责任编辑	景泽龙	责任校对	韩莹莹
封面设计	张心怡	责任监制	常红昕

出版发行 黄河水利出版社
        地址:河南省郑州市顺河路 49 号 邮政编码:450003
        网址:www.yrcp.com E-mail:hhslcbs@ 126.com
        发行部电话:0371-66020550、66028024
承印单位 河南新华印刷集团有限公司
开　　本 787 mm×1 092 mm 1/16
印　　张 9.5
字　　数 165 千字
版次印次 2024 年 2 月第 1 版 2024 年 2 月第 1 次印刷

定　　价 68.00 元

前　言

伴随着经济和社会的快速发展,河套灌区水资源紧缺,农业、工业用水和生态用水矛盾日益突出,大力发展农业高效节水技术,开辟利用新的灌溉水源已是大势所趋。本书以在内蒙古河套灌区长胜节水盐碱化与生态试验站开展的野外大田试验为支撑,研究了春汇对土壤环境效应的影响,典型作物不同微咸水膜下滴灌-引黄补灌制度下的需水规律、水土环境效应、作物生长和产量、土壤积盐和经济环境效益,综合提出了推荐的灌溉制度,以期为大力发展微咸水膜下滴灌技术提供理论依据。得到的主要结论如下:

(1)河套灌区中度盐碱地的适宜春汇制度为每间隔一年引黄河水灌溉 1 次,灌溉定额 2 250 m^3/hm^2,以改善表层 20 cm 土壤含水率和含盐量。

(2)微咸水膜下滴灌灌水下限和引黄补灌频率越高,灌溉定额越大,典型作物生育期内耗水量就越大,各阶段作物系数越大。

(3)土壤水分和盐分变化分别集中在表层 80 cm 和 0~100 cm 土层,膜下滴灌湿润体的形状在垂直于滴头所在竖直剖面上近似为半椭圆形,膜内 0~40 cm 土壤盐分受灌溉水入渗影响向膜外和膜内深层迁移,膜外 20~100 cm 土壤盐分受表土蒸发影响向表层 20 cm 迁移;微咸水膜下滴灌灌水下限和引黄补灌频率越高,膜内表层土壤含水率越高,盐分淋洗越充分,膜外表层土壤含盐量越高。

(4)微咸水膜下滴灌灌水下限越高,玉米和葵花的茎粗、株高、叶面积越大;葵花叶面积最大值出现越早,后期叶片衰老越迟缓;相对传统黄河水漫灌,玉米微咸水膜下滴灌的减产量越少。

(5)玉米试验田和葵花试验田的盐分主要积累在 40~80 cm 和 40~100 cm 土层,玉米和葵花一年春汇处理各土层均积盐,两年春汇处理表层 10 cm 脱盐,微咸水膜下滴灌灌水下限越高,玉米和葵花试验田各层土壤积盐量越少,春汇频率越高,土壤积盐量越少。葵花相同春汇处理-30 kPa 灌水下限各层土壤积盐量最少。

(6)微咸水膜下滴灌-引黄补灌较传统地面灌溉玉米和葵花生育期分别节肥 51.25% 和 48%,减少了农药使用量,有利于保护生态环境、改善土壤状况。微咸水膜下滴灌灌水下限和引黄补灌频率越低,节水率越高。相同灌溉处理玉米节水率大于葵花,玉米和葵花两年春汇–30 kPa灌水下限处理均增收且纯收入最大。

综合考虑节水、增收和控盐,确定本试验推荐的灌溉制度为:玉米和葵花非生育期每两年春汇一次,春汇时间为4月中旬,灌水定额为2 250 m³/hm²。玉米生育期灌溉微咸水14次,灌溉定额为3 300 m³/hm²;葵花生育期灌溉微咸水10次,灌溉定额为2 475 m³/hm²。

本书在中央高校基本科研业务费专项资金项目"咸淡轮灌协同减氮调控模式下盐碱土壤水氮盐耦合效应研究与模拟"(B230201053)、河南省黄河流域水资源节约集约利用重点实验室开放研究基金资助项目"宁夏银北引黄灌区不同水源利用下的农田灌排模式研究"(HAKF202102)和内蒙古自治区水利科技重大专项"引黄灌区多水源滴灌高效节水关键技术研究与示范"(〔2014〕117)等的资助下,由李金刚、金秋、何平如及陈丹等撰写。本书依据的成果由河海大学、水利部交通运输部国家能源局南京水利科学研究院、内蒙古农业大学等单位共同完成。河海大学的李金刚博士承担了野外监测、室内检测、数据分析等工作,撰写了第3章、第5章、第6章、第7章;水利部交通运输部国家能源局南京水利科学研究院金秋正高级工程师承担了不同灌溉制度下典型作物需水规律的分析工作,撰写了第2章和第4章;河海大学何平如博士参与了野外监测试验等工作,撰写了第1章和第8章;河海大学陈丹教授针对本书中的研究方案设计、野外监测试验等进行了指导,承担了校稿等工作。

本书涉及的研究成果在现场调查、野外监测试验和室内测试化验过程中得到了内蒙古农业大学屈忠义教授、巴彦淖尔市水利科学研究所长胜试验站黄永平高级工程师给予的热情帮助和支持。由于野外试验条件和作者水平有限,书中不妥之处在所难免,敬请广大读者批评指正。

作 者
2024年1月

目　录

第 1 章　研究背景与意义

1.1　研究背景及意义

　　内蒙古河套灌区位于内蒙古自治区西部,是我国最大的一首制自流灌区,有效灌溉面积 57.4 万 hm²。灌区水资源主要由引黄水、降水和地下水组成,现状农业用水主要是引黄水。根据黄河水利委员会(简称黄委)2010 年对黄河水量的调度,河套灌区引水量已减少到 40 亿 m³,引水量相对 2010 年以前降低了 20%。河套灌区农业、工业用水和生态用水矛盾日益突出,迫切需要制定和实施水资源可持续开发利用战略,确保灌区乃至内蒙古自治区经济、社会的可持续发展。大力发展井渠结合灌溉,达到黄河水和地下水的循环利用,是实现河套灌区水资源可持续利用的一项重要举措[1]。河套平原浅层地下水(埋深 10~40 m)矿化度(TDS)均值为 2.54 g/L[2],可开采量为 16.6 亿 m³,其中矿化度介于 2~5 g/L 的地下微咸水可开采量为 7.21 亿 m³。农业灌溉实践和试验研究表明,咸水与微咸水可用于农作物灌溉,科学合理地开采利用地下微咸水,配合渠引黄河水供给河套地区农业灌溉需要,对河套灌区农业的可持续发展具有重要意义。

　　土地资源同样制约着河套灌区乃至内蒙古的社会经济发展[3]。内蒙古盐渍化土地主要分布在通辽、赤峰、鄂尔多斯、呼和浩特、包头、巴彦淖尔等地。河套灌区盐碱土以含盐量大于 0.3% 的中度及重度盐碱土分布较广,分布面积占灌区面积的 77.7%[4]。盐碱地是重要的后备耕地资源,开发利用盐碱地是实现农业可持续发展的重要途径之一,能改善生态环境,推动区域经济、社会和生态的可持续发展。土地盐渍化严重制约着作物对水分的吸收和幼苗的正常生长,导致作物营养失调、土壤肥力降低。当土壤含盐量大于 0.2% 时,就可能影响种子发芽,致使生态脆弱和环境恶劣。实践表明,在盐碱地上可以种植耐盐作物,通过合理的灌排措施,达到甚至超过非盐碱土地相应的作物产量,在获得可观经济效益的同时,可以逐步改善土壤盐碱状况,防止盐碱耕地进一步恶化,对确保内蒙古粮食和生态安全具有重要意义。

　　治理盐碱地通常将灌溉淋洗与排水相结合,采用大水压盐,直接淋洗土壤盐分,但是,这种传统的淋洗盐分方法不仅在春、秋两季耗费大量淡水资源,而且盐渍土本身的导水率较低,加上许多地区排水设施并不健全,因此排盐效果并不乐观,不宜长期采用。开发利用盐碱地需要探索新的方法。在淡水资源匮缺的条件下,开发利用微咸水配合黄河水灌溉农田,保证作物产量,具有重要的现实意义。在灌水方式上,覆膜滴灌不仅可以减少棵间蒸发,抑制地下水盐分上移,而且在滴灌的淋洗作用下,盐分随着水分运动到湿润锋附近,为作物生长提供一个良好的水盐环境。由于滴灌具有高频率、小流量的特点,还可以缓解土壤环境恶化,保证作物根系正常吸水和呼吸,是在盐碱地上开发利用微咸水的最佳灌水方式[5-7]。相比淡水,微咸水含有大量的盐分,不合理的灌溉可能导致作物减产和土壤的次生盐碱化。因此,需要研究制定科学合理的灌溉制度,发展高效节水技术,优化调配灌区水资源,综合治理改良盐碱地。

河套灌区气候干燥、少雨、蒸发强烈,再加上长期的不良灌溉和不良农业技术措施的影响,灌区大部分地区排水不畅,土壤次生盐碱化程度严重,为了保证作物正常出苗、生长和产量,必须适时采取措施降低田间表层土壤盐分。在长期生产实践中,为了淋盐储墒,劳动人民总结出一种传统的特殊灌水制度——秋浇/春汇,即在作物收获后当年或第二年引黄河水补充灌溉农田。然而,在排水不畅的地区,由于引黄补灌水量过大,造成地下水位大幅上升,容易导致土壤次生盐碱化。因此,研究制定科学合理的引黄补灌制度对促进灌区可持续发展具有重要意义。

国内外对微咸水利用和改良盐碱地进行了大量研究,但综合黄河水和地下微咸水灌溉盐碱耕地的研究较少,本书通过研究玉米和葵花的非生育期黄河水春汇和生育期微咸水灌溉试验,旨在提出最优的非生育期春汇和生育期微咸水灌溉制度,为内蒙古河套地区微咸水的开采利用和改良治理盐碱地提供理论依据。

1.2　国内外研究进展

1.2.1　滴灌技术的发展

在自然条件下,往往因降雨量不足或分布不均匀,不能满足作物对水分的需求,为了保证作物正常生长,获得高产稳产,必须进行人为灌溉。节水灌溉是利用现代灌溉技术和灌溉设备对农作物进行的合理灌溉[8],滴灌是目前世界上最节水的灌溉技术。1920年德国首次通过设备使水从孔眼流入土壤当中,在灌溉水出流上进行了创新[9];19世纪50年代,以色列工程师巴拉斯发明了一种大棚灌溉机械,不仅适用于以色列沙漠地区,还可以用盐分较高的水来灌溉作物;20世纪三四十年代,美国、英国、荷兰及苏联的学者先后进行了滴灌试验研究;20世纪50年代末期,以色列成功地研制出了长流道滴头,解决了长期以来的滴头问题,促使滴灌系统在技术上有了重大进展[10];第二次世界大战后,滴灌技术得到迅速发展,20世纪70年代中期,滴灌技术在以色列、澳大利亚、英国、南非、新西兰等国家和地区逐步得到推广和应用[11]。

我国引入滴灌技术始于1973年,从墨西哥引入先进的滴灌技术和设备[12]。自20世纪80年代开始,我国对滴灌技术进行了大规模的理论试验研究及技术推广应用研究[13]。1996年,为了实现新疆地区农业节水、高效、增产的可持续发展目标,新疆生产建设兵团石河子垦区根据当地的实际情况,利用滴灌与覆膜灌溉技术相结合的方式,发明了膜下滴灌技术,并取得了成功[14];1997年,马富裕等对棉花膜下滴灌进行的研究表明,实行"小灌量、短周期"的灌溉制度可确保棉花的生长始终处于一个良好的水分环境,能显著提高棉花水分利用效率,有利于棉花的稳产、高产[15-16];膜下滴灌技术于1999年开始大面积推广。2002年农八师进一步发展和改善了利用河水进行膜下滴灌的技术,同时也对膜下滴灌的造价、滴灌器、管材等设备进行研究,使其单位面积投资大大降低[17]。1998年以前,我国滴灌技术发展的主要地区在华北、西北及山东等地,近年来,南方的浙江、江苏及广东等地也开始大力发展滴灌技术[18-19]。膜下滴灌技术将滴灌局部灌水方法与覆膜栽培的增温、保墒、增产及减少土壤表面蒸发技术相结,对改善我国干旱、半干旱区的生态环境,实现农业可持续发展提供了良好的范例。

1.2.2 膜下滴灌水盐运移规律研究情况

国外许多学者对滴灌条件下土壤水盐运动特性进行了研究,取得了大量的理论及试验成果。1968—1971年,以Richards模型为基础,出现了大批有关滴灌入渗模型的研究,Philip和Raats假定土壤稳定入渗且土壤导水率是关于土水势的指数函数,提出了滴灌条件下的土壤水分动态模型,使得基本方程中的基质势成为线性表达式,可求出方程解析解[20-21]。1974年,Warrick在Philip的工作基础上建立了非恒定渗流的滴灌入渗模型,Warrick认为湿润锋是抛物线形状,采用线性入渗方程,提出点源、线源、圆盘源问题的分析解法[22-23]。1984年,Lockington等忽略重力的影响建立了地表点源的球坐标方程,得出了地表点源瞬态流饱和区半径和湿润半径的解析表达式[24]。1986年,Asher等提出了点源入渗的等效半球模型,导出了湿润锋位置的解析表达式[25]。Or在Warrick的工作基础上建立了二维的解析解法,应用于地下滴灌和地面滴灌的湿润锋分析[26-28]。1996年,Akbar对点源入渗过程中的水分和溶质迁移进行了比较系统的试验研究,并分析了水分和溶质分布的影响变量[29]。Asher 提出等效半球模型,对滴灌条件下的溶质分布进行了深入研究[30]。Van Genuchten 对三维半无限多孔介质中的溶质运移进行了研究,获得了 5 种初始边界剖面特殊组合的解析解[31]。West 研究指出,在盐化土壤上进行大水量滴灌才能降低根区土壤盐分浓度[32]。Alemi 研究指出,盐碱地上采用滴灌滴头流量越大,盐分推移速率越快,但最终推移的距离相同[33]。Mmolawa 对滴灌进行模拟和试验验证,结果表明,土壤水分围绕滴头分布,土壤溶质主要随土壤水以对流的形式运移,盐分聚集在土壤湿润锋附近,而且电导率的变化与土壤含水率的变化保持一致[34]。

国内许多学者对膜下滴灌条件下土壤水盐运移进行了大量研究。王全九等研究认为地表积水区的大小是时间、滴头流量、土壤质地的函数,土壤入渗过程实质上是充分供水变边界的三维入渗问题[35]。吕殿青认为在给定的土壤质地上地表积水区的大小与滴头流量呈幂函数关系[36-37]。李明思、贾宏伟对棉花膜下滴灌条件下 3 种质地的土壤湿润锋进行研究,结果表明,在重壤土上湿润锋基本呈一旋转抛物体,深处湿润直径大,而地表直径略小,中壤土湿润锋形状如同一个"碗",最大湿润锋在地表,沙土湿润锋呈现一柱状,在沙土上水分运移以垂直下渗为主,水平扩散很小[38]。马东豪研究了在田间条件下,滴头流量、灌水量和灌水水质对微咸水点源入渗水盐运移的影响,结果表明,在充分供水条件下,水平湿润锋和积水锋面随时间的推进符合幂函数关系[39]。李明思等对比分析了棉花覆膜与不覆膜情况下土壤水分分布特征,研究结果表明,膜下滴灌土壤湿润比为 0.67 ~ 0.83,但是无膜滴灌在 0.67 以内[40]。张建新等进行棉花膜下滴灌试验研究表明,滴头下 0 ~ 50 cm 形成了一个盐分含量淡化区,随着土层深度的增加,土壤含盐量逐渐增大,滴头流量的增加不利于淡化区的形成,灌水量的增加有利于垂直压盐,土壤水平脱盐距离大于垂直脱盐距离[41]。吕殿青等通过室内膜下滴灌土壤盐分运移试验,研究表明,滴头流量、土壤初始含水量以及土壤初始含盐量的增加不利于土壤脱盐,灌水量的增加有助于土壤脱盐[42]。张琼等研究了棉花膜下滴灌的灌水频率对土壤盐分的影响,结果表明,膜外土壤盐分含量高于膜内土壤盐分含量,灌水频率越高,滴灌对土壤盐分的抑制效果越明显[43]。赖波等对棉田膜下滴灌条件下耕层土壤中盐分变化的影响因素进行研究,结果表明,土壤盐分与土壤含水量之间呈极显著负相关[44]。李现平、刘新永等对棉花膜下滴灌水盐运移规律研究表明,盐分在膜间 0 ~ 40 cm 强烈聚集,膜下盐分变化不大,而且在覆膜的作用下发生侧向运移至膜间,加剧了膜间的盐分累积[45-46]。韩春丽分别对棉田膜下滴灌 1 年、3 年、6 年的土壤盐分进行研究,发现土壤盐分在棉花生育期内均呈增加趋势[47]。

1.2.3 微咸水滴灌研究概述

开发利用微咸水是解决水资源短缺的一个重要途径,以色列、美国等国家利用微咸水已有上百年历史,国外大量的生产实践和基础研究工作,为合理利用微咸水资源提供了指导。Feigen 等指出灌溉水中的盐分对土壤的影响主要表现为对土壤交换性钠和土壤溶液电导率的影响[48]。Oster 和 Murtaza 等研究发现,入渗率随着钠吸附比(SAR)的增加而减小,随着阳离子浓度的降低而降低[49-50]。Green 和 Philip 等通过大量的试验和理论分析构建了 Green-Ampt 模型、Philip 模型等土壤水盐运移模型,后期验证能够较精确地描述微咸水入渗过程[51-53]。Phogat 和 Forkutsa 等利用 Hydrus-1D 模拟了微咸水灌溉条件下的水盐运移,得到了较理想的结果[54-55]。Malasha 等对比沟灌和滴灌提出了适宜的咸淡水混灌模式,即淡水 60%、微咸水 40%[56]。Rajinder 设置不同矿化度的微咸水进行灌溉试验,研究结果表明,在壤土和沙壤土上利用电导率 14 dS/m 以下的微咸水与淡水轮灌是可行的,但为保证作物的正常生长,底墒水要用淡水进行灌溉[57]。Ayars 等研究表明,微咸水滴灌频率越高,土壤剖面含盐量越低[58]。Zartman 等研究表明,咸水灌溉 4 年后,土壤溶液的电导率和可溶性钠、钙、镁吸附比显著增加,土壤导水率明显下降,而土壤容重和持水率曲线无明显变化[59]。Padole 等对微咸水灌溉黏性土研究表明,土壤最大持水量、孔隙度、入渗率与可交换性钠百分率呈负相关关系[60]。Karin、Karlberg 等、Talebnejad 等[61-63]均研究了微咸水灌溉对作物生长和产量的影响,结果均表明一定矿化度范围内的微咸水灌溉不会降低作物产量,可以保证作物正常生长。

我国微咸水灌溉和合理利用的研究工作始于 20 世纪六七十年代,目前内蒙古、新疆、甘肃等数十个省份已经开展了微咸水灌溉农田,国内学者针对微咸水灌溉进行了大量研究,为我国科学合理地开发利用微咸水提供了指导。马东豪[64]、杨艳[65]研究表明,土壤入渗能力与微咸水矿化度呈现抛物线变化过程,随着微咸水矿化度增加,入渗能力逐渐增强,在矿化度达到 3~4 g/L 时,微咸水入渗能力达到最大,然后随着矿化度增加,微咸水入渗能力逐步减弱。史晓楠等利用入渗模型计算表明矿化度的增加有效地提高了土壤的扩散率和饱和导水率[66]。吴忠东等研究发现,利用相同矿化度微咸水灌溉,累积入渗量和湿润锋均随 SAR 的增加而减小[67]。杨艳、王全九等研究发现微咸水入渗对土壤结构的影响表现为碱土大于盐土[68-69]。陈丽娟等研究发现,黏土夹层以上土壤平均含水率、含盐量随灌溉水矿化度增大呈增加的趋势,黏土夹层以下土壤水盐分布几乎不受微咸水灌溉的影响[70]。陈丽娟等同时利用 Hydrus(2D/3D)模型模拟预测微咸水膜下滴灌土壤的水盐运移和盐分累积,发现利用矿化度 3 g/L 的微咸水进行灌溉土壤积盐程度较轻,不会对作物的生长产生影响[70]。杨树青等和王卫光等利用 SWAP 模型对不同微咸水灌溉条件下的水盐运移进行了模拟,并制定出了合理的微咸水灌溉制度,提出了合理的微咸水灌溉方式[71-72]。单鱼洋、陈艳梅等利用 Salt Mod 模型模拟预测了不同矿化度微咸水灌溉土壤盐分累积程度,提出了微咸水利用模式[73-74]。万书勤等研究表明,微咸水滴灌不同矿化度和土壤基质势处理对黄瓜的产量没有明显的影响[75]。王丹等利用电导率 4.2 dS/m 的微咸水进行覆膜滴灌,发现番茄生育期内土壤剖面未发生积盐现象[76]。何雨江等研究发现,采用矿化度 3 g/L 微咸水覆膜滴灌,通过轮灌方式可以保证棉花的产量,同时不会对土壤环境产生明显影响[77]。栗现文等研究发现,在作物生育期采用微咸水滴灌的农田应在作物非生育期制定合理的冬、春灌灌溉制度[78]。张余良等和王国栋等对耕地长期利用微咸水灌溉后的土壤理化性状及土壤微生物量的变化进行了研究,发现长期微咸水灌溉后土壤表层盐分累积,土壤微生物量、碳、氮、有机质明显降低,土壤理化性质有恶化的趋势[79-80]。肖振华等研究微咸水水质对大豆、小麦生长的影响,结果表明低矿化度和低钠吸附比的微咸水灌溉不会对大豆和小麦的出苗、生长及产量造成不利影响[81]。马文军等研究发现,利用电导率为 5.4 dS/m 的微咸水进行合理灌溉,不会导致土壤盐碱化,能获得比较理想的产量[82]。王在敏等研究了微咸水膜下滴灌棉花产量及土壤盐分分布规律,发现覆膜能够很好地降低土壤盐分的累积,同时保证棉花产量[83]。

1.2.4 秋浇/春汇制度研究进展

秋浇又称秋季储水灌溉,是我国内蒙古河套灌区秋后淋盐、春季保墒的一种特殊的灌溉制度,由于传统不合理的秋浇制度存在浪费淡水资源和春季返盐等问题,国内许多学者针对合理的秋浇灌溉制度进行了研究。康双阳对河套灌区秋浇时间、秋浇定额和秋浇形式进行研究,沙壕渠 15 年秋浇情况显示,伏水保墒地秋浇定额为 80~85 m³/亩❶,防霜水保墒地为 100~120 m³/亩,早秋水保墒地为 120~130 m³/亩,秋浇时间的确定应以封冻前地下水埋深控制在 1.7~1.8 m 为依据[84]。孟春红等在河套灌区义长灌域对河套灌区秋浇定额进行了试验研究,结果表明,秋浇定额在 1 500~1 950 m³/hm² 内,比较符合河套灌区节水、保墒、淋盐的目的[85]。冯兆忠等研究了秋浇对不同类型农田土壤盐分淋失的影响,结果表明,尽管秋浇前土

---

❶ 1 亩 = 1/15 hm² ≈ 666.67 m²。

壤含水率各不相同,不同类型农田秋浇后土壤含水率无显著差异,0~100 cm 土层土壤盐分淋失量与土壤储水量的增量密切相关[86]。管晓艳等研究了河套灌区秋浇定额对农田土壤盐分淋失的影响,灌水定额越大淋洗效果越好,表层土壤盐分在秋浇作用下向下迁移,秋浇后土壤 pH 值减小,土壤 SAR 的降低幅度和灌水定额呈正相关关系[87]。罗玉丽等研究了秋浇定额对土壤盐分变化的影响,结果表明,当秋浇定额为 1 725 m³/hm² 时,秋浇前后土壤含盐量减少最多[88]。李瑞平等对内蒙古河套灌区秋浇节水灌溉制度应用 SHAW 模型模拟结果表明,轻度盐渍化土壤秋浇定额为 142~183 mm,中度盐渍化土壤秋浇定额为 180~200 mm,重度盐渍化土壤秋浇定额为 200~225 mm[89]。罗玉丽等研究确定内蒙古引黄灌区基于节水的适宜秋浇定额为 1 500 m³/hm²[90]。

1.3　研究目标

通过分析不同春汇制度及微咸水膜下滴灌-引黄补灌制度对河套灌区水土环境效应的影响,研究玉米和葵花不同微咸水膜下滴灌-引黄补灌制度下典型作物的作物系数,考虑不同春汇制度及微咸水膜下滴灌-引黄补灌制度对玉米和葵花生长能力及作物产量的影响,确定出适合河套灌区的微咸水膜下滴灌-引黄补灌制度,为河套灌区开采利用微咸水提供理论依据。

1.4　主要研究内容

(1)春汇制度对土壤环境效应的影响研究。

在传统的春汇方式下,依据试验处理控制不同的灌水定额和不同春汇方式,通过测试不同灌水定额处理和不同春汇方式的土壤盐分、养分、温度及 pH 值变化情况。

(2)典型作物不同微咸水膜下滴灌-引黄补灌制度下的需水规律试验研究。

根据试验观测资料计算试验区典型作物生育期内的地下水补给量、有效降雨量和土体储水量,利用水量平衡法计算不同灌溉制度下典型作物耗水量,通过 Penman-Monteith 法利用观测的气象资料计算试验区参考作物腾发量,计算相应膜下滴灌-引黄补灌制度下的作物系数。

(3)不同微咸水膜下滴灌-引黄补灌制度对土壤水盐运移的影响研究。

研究在不同的微咸水膜下滴灌-引黄补灌制度下,典型作物生育期内土壤剖面水、盐分布及盐分含量的变化情况,研究单次微咸水灌溉前后的土壤水盐分布情况。

（4）不同微咸水膜下滴灌-引黄补灌制度对典型作物生长及产量的影响。

通过观测在不同微咸水滴灌-引黄补灌制度下，典型作物出苗情况、作物各生育期部分指标（株高、径粗、叶面积）、作物产量及产量构成的差异和变化，筛选出试验条件下的适宜灌溉制度。

（5）典型作物不同微咸水膜下滴灌-引黄补灌制度下的效益评价。

通过监测典型作物不同灌溉制度下土壤剖面的盐分积累资料，分析典型作物不同灌溉制度下的积盐效应，并对不同灌溉制度进行效益评价，依据节水、增收、控盐的机制，选择试验的最优微咸水膜下滴灌-引黄补灌制度。

1.5 技术路线

本书技术路线如图 1-1 所示。

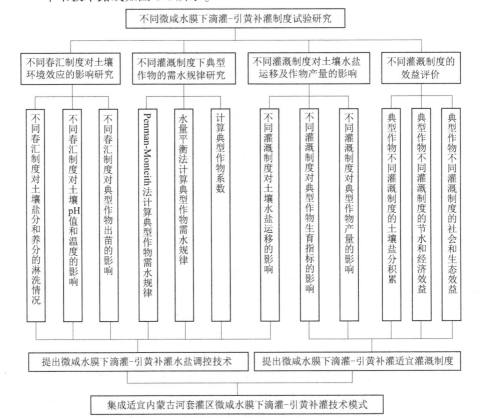

图 1-1 研究技术路线

第 2 章　研究区概况与试验设计

2.1　内蒙古河套灌区概况

2.1.1　地理位置

内蒙古河套灌区处于黄河内蒙古段北岸的"几"字弯上,东西长250 km,南北宽50 余 km,总土地面积 118.9 万 hm²,现引黄灌溉面积73.3 万 hm²,是全国 3 个特大型灌区之一,也是亚洲最大的一首制自流引水灌区。内蒙古河套灌区范围北依阴山山脉的狼山、乌拉山南麓洪积扇,南临黄河,东至包头市郊,西接乌兰布和沙漠,自西向东横跨了巴彦淖尔市的磴口县、杭锦后旗、临河区、五原县和乌拉特前旗。灌区地理坐标介于北纬40°19′~41°18′、东经106°20′~109°19′,见图2-1。河套灌区自秦汉时期开始挖渠兴建,至 20 世纪 50 年代修建了三盛公水利枢纽,健全了排灌系统,同时开展农田基本建设,营造防护林,扩大灌溉面积,形成草原化荒漠中的绿洲。

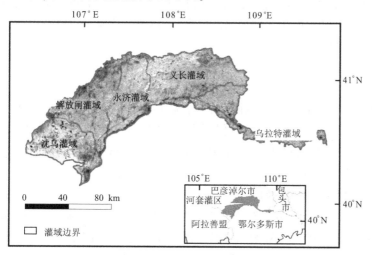

图 2-1　河套灌区地理位置示意图

2.1.2　地形地貌与地质构造

内蒙古河套灌区位于巴彦淖尔市南部的黄河冲积平原,地势自西南向东北微倾,平坦开阔,海拔 1 007~1 050 m,自然坡度为 0.125‰~0.2‰,局部有一定的起伏,形成岗丘和洼地,这一特点对土壤盐渍化的形成有一定影响。灌区的平原地貌可分为 3 种类型:狼山、乌拉山山前冲积洪积扇形倾斜平原,黄河冲积湖积平原,乌兰布和近代风积沙地。

河套灌区在地质构造上为河套断陷,自中生代末期开始下陷,接受陆相沉积,深厚的湖积物达 4 500 m。部分时段气候干燥,沉积层含盐量较高,第四纪中更新世后,河套断陷缓缓上升,湖边缘的河流逆向侵蚀,若干盆地连通起来,黄河幼年期串珠状的河道形成。幼年期黄河强烈下切,至全新世黄河开始沉积,在湖积层上普遍覆盖有黄河冲积层,厚度达 60 m,以亚砂土、亚黏土和中细砂互层为主。

从近代至现代,气候干燥少雨,地表植被稀疏,机械风化作用强烈,在地貌发育过程中,风的作用显著,昔日河湖冲积物往往被风蚀成洼地,积水而成湖泊沼泽。黄河在河套平原段发生的近代变迁比较频繁,河套平原上可见多条黄河故道。本区自第三纪以来,新构造运动迹象明显,它的升降基本与现代地貌相吻合。山地、丘陵和高原抬升,其中乌拉山轴部和狼山、色而腾山的南侧抬高幅度大,平原与山间盆地相对沉降,由于河套平原北部近山麓地带随山地抬升,平原沉降幅度由北向南逐渐增大,东侧的乌梁素海沉降幅度较其他地区大,形成了洼地。

2.1.3　气候条件

内蒙古河套灌区深处内陆,属于中温带半干旱大陆性气候,受内蒙古高压影响,云雾少、降雨少、风大、气候干燥,平均气温 3.7~7.6 ℃,昼夜温差大,年日照时数长约 3 229.9 h,太阳辐射量达 6 200 MJ/m²,无霜期达 130 d 左右,适宜农作物和牧草的生长。

2.1.3.1　气温及土壤冻融

灌区全年平均气温 3.7~7.6 ℃,1 月气温最低(平均气温在-11~-15 ℃),7月气温最高(平均气温在 20~24 ℃),极端最高气温出现在磴口县,为 38.2 ℃。

冬季,受内蒙古冷高压控制,寒潮引起降温,24 h 降温幅度达 10 ℃以上。春季干旱,多大风天气,大风日数占全年大风日数 70%。夏季短促,热而多雷阵雨。秋季短，一般为 60~70 d。

灌区大于 10 ℃积温为 2 371.3~3 184.4 ℃，河套地区为 2 500 ℃。灌区的磴口县热量条件最好，日照时数为 3 100~3 300 h，太阳辐射量达 6 200 MJ/m²，是我国光能资源最丰富的地区之一，热量条件能满足一年一熟谷类作物生长需要。

每年初霜日出现由东向西、从北向南推进，东部地区 9 月中旬开始，西北部地区及黄河岸边在 9 月下旬。终霜情况则是西南部、西部先结束霜期，西部地区在 4 月中旬，东部地区在 4 月下旬。河套地区无霜期一般为 145~160 d，后山一般为 130 d。土壤封冻期为 180 d 左右，封冻期由 11 月下旬至次年 4 月，土壤冻深约 1.1 m。

2.1.3.2　降水及蒸发

1.降水

根据河套灌区磴口县、杭锦后旗、临河区、五原县、乌拉特前旗等 5 个气象站降水资料(见表 2-1)，灌区年均降水量为 166 mm，且年际变化较大，在近 60 年内，最大年降水量在 1988 年达到 268 mm，最小年降水量在 1965 年仅有 54 mm。河套灌区降水的区域性分布有明显的东西分带性，自东向西递减，越往西部，气候越干燥，大陆性气候越明显。降水量在年内变化也较大，分配极不均匀，由于受季风的影响，夏秋两季(6—11 月)降水量占全年降水量的 85% 以上，夏季(6—8 月)降水量占全年降水量的 63%~70%，春季降水量占全年降水量的 10%~20%，冬季降水量一般约为 25 mm，雨雪少。春旱尤其严重，必须靠灌溉发展农业。

表 2-1　河套灌区各旗(县)降水量统计分布

行政分区	均值/mm	C_v	C_s	不同频率年降水量/mm			
				20%	50%	75%	95%
磴口县	144.4	0.35	2.0	184.3	138.6	107.9	72.5
杭锦后旗	144.0	0.40	2.0	188.9	136.4	102.2	64.0
临河区	141.8	0.38	2.0	184.0	135.0	102.7	66.2
五原县	167.4	0.44	2.0	224.2	156.7	113.7	67.2
乌拉特前旗	227.5	0.39	2.0	296.9	216.1	163.1	103.7

河套灌区各旗(县)的降水量年内分布特征相似。各旗(县)降水量基本集中在 6—9 月，各旗县在 6 月、7 月、8 月、9 月的降水量分别占各自总降水量的 77.51%、77.76%、78.62%、78.74%。

2.蒸发

河套灌区平均蒸发量为 2 032~3 179 mm,最高达到 4 085.7 mm,最小为 1 774.8 mm。自东南向西北蒸发量随着温度升高而增大、湿度减少、风速增大、云量减少、日照增多。年内 5—6 月因降水稀少,蒸发量大,达到 350~450 mm;12 月至翌年 1 月蒸发量仅为 30~50 mm,年蒸发量普遍高于年降水量,一般为降水量的 10~30 倍。

2.1.3.3　风

河套灌区位于西风带内,终年受西风环流的影响,极地大陆气团控制时间较长,再加上境内地势较高,植被稀疏,因此风速较大,风期较长。冬春季受蒙古气旋控制,盛行北风或西北风。夏季受东南季风影响,多偏南风或偏东风。风速分布规律是从南到北逐渐增大,由西到东逐渐减少。年平均风速为 2.5~3.3 m/s,临河区、杭锦后旗、五原县等部分地区平均风速不足 3 m/s。8 级以上大风(大于或等于 17.2 m/s)一年四季均可出现。冬、春季是季风,尤以春季为盛,夏、秋季最少。3—5 月大风以西风和西南风为主,风力大、持续时间长,危害重;6—8 月大风出现概率较小,持续时间最短,多为雷阵雨前突发性阵风;入秋后,因冷空气势力不断加强,活动次数增多,大风日数也开始增加,大风出现持续时间由数分钟到十多个小时不等。每次大风天数多为 1~2 d。风的日变化为白天大于夜间,日出后风速逐渐增大,10~17 时达到最大,峰值出现在 14~16 时,之后开始逐渐减小,夜间风速最小。

受季风的影响,春、夏干旱严重。牧区 95% 以上草场几乎连年遭受旱灾的威胁,具有范围广、持续时间长、旱象严重的特点,限制了牧业生产发展。干旱的地理分布与降水量分布相反,西部多于东部,北部多于南部。季风的影响还造成大雨、暴雨,这也是河套灌区夏季来势凶猛、危害较重的一种自然灾害。

2.1.4　土壤

受阴山山脉走向及生物、气候等因素影响,河套灌区土壤以盐渍化浅色草甸土和盐土为主,属灌淤土类型的亚类潮化灌淤土土属。河套灌区土壤的灌淤层厚 0.3~0.7 m,土质以壤土、砂壤土和粉细砂为主。

由于长期引黄河水灌溉将大量泥沙携带进入灌区土层,加之人为施肥、耕种等旱耕熟化措施,促使灌区的灌淤土发展为农业土壤(厚度约 0.5 m)。灌区引黄河水灌溉将大量泥沙引入农田,使得土层加厚,改变了原本较沙的土壤质地。较高的地下水位导致土壤剖面的中下部交替发生氧化还原反应,影响农业土壤形成过程中物质的转化、迁移和土壤剖面的发育,影响土壤元素的形态与有效性。

农业生产活动产物(牲畜粪便、炭屑、煤渣、砖瓦和陶瓷碎片)可以使土壤耕层加厚。另外,农家肥的施用、灌溉淤泥以及农作物的根茬和凋落物等提高了土壤中有机质和氮、磷、钾等养分含量。耕翻、耙糖、中耕等农业措施将淤积物、肥料、根茬与耕作层均匀混合,打破了淤积层次,创造了良好的农田耕层构造。

次生盐渍化是河套灌区农业土壤最突出的特征。在河套灌区,因渠系渗漏与大水漫灌导致地下水位升高。在强烈的蒸发作用下,含盐的地下水通过毛细管作用上升至地表蒸发而将盐分积聚于土壤表层,形成次生盐化。伴随土壤积盐,土壤中 Na^+ 与胶体复合体的 Ca^{2+}、Mg^{2+} 等离子进行交换反应,导致土壤次生碱化(在一些局部洼地,因地下水位高,土体内含有机质和硫酸钠,经生物作用转化为碳酸钠,也导致土壤碱化)。

河套灌区的土壤次生盐渍化随时间变化存在 3 个显著特点:土壤次生盐渍化具有年际周期性,不可彻底消除;土壤次生盐渍化面积趋于逐渐减少;土壤 pH 值呈缓慢增加趋势。

2.1.5　河流水系

河套灌区境内分布有上百条山洪沟,主要河流水系为黄河水系,其次为不同的洼地或湖泊(淖尔)分成的独立水系。

2.1.5.1　黄河水系

河套灌区的地表水资源主要为过境的黄河水。黄河由河套灌区的南端过境,在磴口县二十里柳子入境,东至乌拉特前旗劳动渠口出境,境内全长 340 km。灌区多年平均过境黄河水径流量为 315 亿 m^3,过境黄河水矿化度一般小于 1 g/L,境内流域面积 3.4 万 km^2。黄河封冻期自每年 11 月初至翌年 3 月中旬,因此灌区的有效灌溉时间为 7~8 个月。"八七分水"方案实施后,1999 年 10 月,内蒙古自治区主席办公会议确定内蒙古自治区分配给河套灌区的引黄水量由原来的 52 亿 m^3 减少至 40 亿 m^3。

2.1.5.2　湖泊海子

灌区其他地表水主要是灌区内的湖泊(海子或淖尔)332 处,以乌梁素海为最大,其他湖泊海子,面积大小不等;很多海子受农田灌溉水渗漏补给,在灌溉季节水位升高,非灌溉期干枯,逐渐发展为季节性湖泊。湖泊多分布于河套平原,阴山以北仅有桑根达来淖尔、查干陶勒盖诺尔等少数几个时令湖泊。

乌梁素海位于乌拉特前旗境内,周围相连额尔登宝力格等 5 个苏木乡

(镇),是内蒙古较大的海子之一,湖形为北宽南窄,东北至西南较长,南北长35~40 km,宽5~10 km。该湖东北起于大余太乡坝湾,西南至新安镇明干阿木,西北至东南较窄。海子周围的塔布渠、长胜渠、乌加河、烂大渠等不少渠道退水注入,还有狼山南部及乌拉山北部各山沟之水,直接或通过各个渠道也注入海子。现状乌梁素海水面面积293 km²,平均水深0.7 m,湖面海拔为1 018.79 m,蓄水总量达20 993万m³。

2.1.6 水文地质

在地质历史时期,河套平原一直被湖水所占据,在此作用下,使得河套灌区形成了以湖相为主的富含盐分且范围广阔的沉积层。由于黄河的冲积与改造,从而形成的黄河冲积层覆盖在湖相层之上,又由于引黄灌溉大量的淡水补给,淡水层覆盖在湖积层咸水区上,从而形成了河套灌区复杂而变化多端的地下含水层。河套的灌溉农业得以发展,正是由于有这样的冲积土层和便捷的黄河水的灌溉。但河套灌区地势平缓,其土壤中土颗粒细、渗透性差,地形西南高而东北低,则灌溉排水必须从西南流向东北,然后从东南流入黄河。在河套灌区,地面坡降与地下水的流向大体一致,流路比较长,坡降比较缓,流速比较慢。在灌区乌拉山隆起带从西山嘴潜入平原地下,成为平原地下水库的一座挡水坝,因而使平原地下水向外排泄十分困难。河套平原这个特殊的地质特性决定了垂直蒸发型是其地下水的主要排泄方式。而处在干旱、半干旱的气候条件,加上降水量少而蒸发非常强烈,灌区土壤水运动的形式基本为降水和灌溉水入渗、蒸发与蒸腾。

河套灌区内地下水以潜水为主,潜水含水层以细砂和中细砂为主。在地势低洼、黏质土覆盖层厚度较大的地区有半承压水存在。灌区潜水补给来源主要是各级渠道的渗漏水及田间灌溉入渗,其次是山洪水和降水的入渗。地下水埋深平均1.6~2.2 m,3月最深达到2.5 m,11月最浅为0.5~1 m,地下水多为淡水,适宜灌溉。地下水流向与地面坡降基本一致,由南向北,流速缓慢,主要补给方式为引黄灌溉入渗补给和阴山地下水水平补给,排泄方式以垂直蒸发为主,水平排泄较弱。阴山地区地下水以基岩裂隙水为主,补给方式为大气降水,排泄方式以径流为主。

灌区地下水质可分为全淡型(矿化度<3 g/L)、上淡下咸型、全咸型(矿化度>3 g/L)3种类型。全淡型主要分布在永济渠以西、陕五公路以南的广大地区。含水层厚度为60~110 m,矿化度小于1.5 g/L,以 HCO_3、$Cl-Na$ 及 HCO_3-Na 型水为主。全咸型主要分布在灌区南北2条咸水带内,北部咸水带西起大树湾,经份子地、梅林、红旗到广益站,矿化度以 5~10 g/L 为主。南部咸水带主要分布在景阳林至西山嘴一带,矿化度多大于 10 g/L,以 Cl-Na 型水为主。

根据河套灌区各旗(县)的地下水动态观测资料,灌区内地下水受气象因素和引黄灌溉的影响较大,表现出明显的季节性、周期动态变化特征。灌区枯水期平均水位埋深 2.03~2.64 m,丰水期平均水位埋深 0.93~1.20 m,多年平均水位埋深 1.65~1.71 m,变幅 1.01~1.49 m。地下水年内水位动态变化大致分为以下 5 个阶段:

(1)融冻阶段。融冻期始于 3 月中旬,止于 5 月中旬。灌区 3 月降水稀少,灌区内无降水和灌溉水入渗补给,加之前期的冻结影响,因此 3 月中旬地下水位为全年最低;3 月过后,气温回升,土壤开始解冻,冻融水回补地下水,水位逐步回升;至 5 月中旬夏灌开始,水位明显回升,升幅在 0.54~0.99 m。

(2)夏灌阶段。夏灌期始于 5 月中旬,止于 7 月中旬。灌区 5 月中旬夏灌开始,灌溉水量较大,地下水位升幅变大,同时蒸发作用加剧,地下水消耗于蒸发,因此水位呈峰谷交替变化的特征。

(3)秋灌阶段。秋灌期始于 5 月中旬,止于 7 月中旬,正值河套地区的主要降水期,水位变幅受降水、秋灌水、蒸发及植物蒸腾的综合影响较为明显,水位有所下降,一般降至非冻结期的最低水位。

(4)秋浇阶段。秋浇期始于 9 月中旬,止于 11 月中旬。秋浇主要是为了压盐和保墒,灌水量大,一般占全年灌水量的 1/3,时间短,一般为 40 d 左右。因此,这一阶段地下水位急剧上升,出现了全年最高水位,多年平均水位 0.93~1.20 m。

(5)封冻阶段。封冻期始于 11 月中旬,止于翌年 3 月中旬。灌区 11 月中旬,土壤受低温影响开始冻结,随着冻层的逐渐加厚,地下水位不断下降。该阶段气温较低,土壤蒸发降至最小限度,因此直至 3 月中旬,灌区内出现全年最低水位 2.20~2.40 m。

2.1.7　社会经济情况

河套灌区行政区划上包括巴彦淖尔市临河区、五原县、磴口县、乌拉特前旗、乌拉特中旗、乌拉特后旗、杭锦后旗,以及阿拉善盟、鄂尔多斯市、包头市的一部分。灌区现在是以蒙古族为主体的多民族聚居地区,根据第七次人口普查数据,截至 2020 年 10 月,灌区内巴彦淖尔市常住人口为 151.76 万人,有 38 个少数民族,其中蒙古族人口 8.47 万人,常住人口城镇化率达 60.6%。

河套灌区以农业为主,粮食作物以玉米和小麦为主,经济作物以向日葵、甜菜、番茄、西瓜、胡麻为主,复种指数较小。2021 年灌区农作物总播种面积达 75.8 万 hm²,其中粮食作物播种面积为 36.27 万 hm²。小麦面积 3.54 万 hm²,产量 2.1 亿 kg;玉米面积 31.84 万 hm²,产量 25.55 亿 kg。灌区现已成为国家和内蒙古自治区重要的商品粮、油基地,多年平均粮食总产量约 300 万 t、油料 60 万 t。

灌区粮油产业、果蔬产业、肉类产业、乳品产业、羊绒产业、饲草产业为农业支柱产业,其中葵花产量和有机奶产量居全国第一位,农畜产品出口居内蒙古自治区第一位,为全国最大的无毛绒生产基地。

2.1.8　水利工程状况

河套灌区引黄灌溉已有两千多年历史,从秦汉开始兴建,直至民国时期逐步形成十大干渠。新中国成立后,河套灌区经历了引水工程建设、排水工程畅通、世行项目配套、节水工程改造等 4 次大规模水利建设阶段,实现了从无坝引水到有坝引水、从有灌无排到灌排配套、从粗放灌溉到节水型社会建设三大历史跨越。从新中国成立初至 20 世纪 60 年代初期,兴建了三盛公水利枢纽,开挖了输水总干渠,结束了黄河无坝多口引水的历史,开创了一首制引水灌溉的新纪元;从 20 世纪 60 年代到 80 年代,灌区进入了以排水建设为主的第二个阶段,先后疏通了总排干沟,建成了红圪卜扬水站,打通了乌梁素海至黄河的出口,开挖了各级排水沟道,使灌区排水有了出路;从 20 世纪 80 年代至 90 年代中期,灌区进入利用世行贷款配套的第三个阶段,完成总排干沟扩建、总干渠整治和 8 个排域 21 万 hm² 农田配套,灌区灌排骨干工程体系基本形成;从 1998 年开始灌区进入了以节水为中心的第四个阶段,实施了灌区续建配套与节水改造、高效节水、重点县、节水增效等一批节水改造工程。目前,河套灌区拥有 7 级灌排渠(沟)道 10.36 万条、6.4 万 km,各类建筑物 18.35 万座,形成比较完善的 7 级灌排配套体系。

河套灌区以三盛公枢纽从黄河自流引水,由总干渠、13 条干渠及各级渠道输配供水至田间地头及湖泊海子,总排干沟、12 条干沟及各级排沟排水,后通过红圪卜扬水站进入乌梁素海排水承泄区,最后经过总排干出口段退入黄河,形成完整配套的一首制灌排体系。现年引黄用水量约 48 亿 m³(其中:农业用水 43.5 亿 m³、生态用水 4.5 亿 m³),通过红圪卜扬水站年排水量约 7 亿 m³,除乌梁素海自然消耗外,每年排入黄河退水 4 亿~5 亿 m³。

2.1.8.1　三盛公黄河水利枢纽

三盛公黄河水利枢纽工程始建于 1959 年,位于巴彦淖尔市磴口县境内的总干渠入口处。1959 年国家投资 5 000 多万元在河套灌区上游的巴彦淖尔盟(今巴彦淖尔市)磴口县境内兴建三盛公水利枢纽工程,1961 年 5 月 13 日截流兴建。三盛公水利枢纽以保证灌溉为主,兼有保证下游工业用水、防洪、防凌、沟通包头至银川公路交通等作用,包括 1 条长 2.1 km 的拦河大坝、3 处进水闸和 1 个 2 000 kW 的渠首电站等设施,还有完整的灌溉渠系和排水系统。三盛公水利枢纽是闸坝工程,建成后抬高闸前水位 5 m 左右,能够保证河套灌区和伊克昭盟(今鄂尔多斯市)2 万 hm² 引黄灌区适时适量地自流引水灌溉,1条总长 180 km 的总干渠使河套灌区灌溉面积由过去的 19.3 万 hm² 增加到51.3 万 hm²,控制灌溉面积达 113.3 万 hm²。

2.1.8.2　总干渠

总干渠位于河套平原南缘,是河套灌区一首制引黄灌区的输水大动脉,由西向东与包兰铁路平行。渠道由黄河三盛公水利枢纽北岸引水,东至乌拉特前旗先锋闸止,全长 180.85 km。总干渠于 1958 年开始施工,1961 年投入运行,渠首原设计流量 565 m³/s,现状引水流量 520 m³/s。担负着河套灌区 60万 hm² 农田灌溉的输配水任务,并供包头市部分农业与工业用水,是灌区最基础的水利设施。每年 4 月上旬开闸放水,11 月底关闸停水,8 月中旬停水 15~26 d,全年行水 180 多 d,年均引水量 50 亿 m³。

2.1.8.3　红圪卜排水站

红圪卜排水站地处乌拉特前旗东北部新安镇红圪卜村,位于总排干沟排水通向乌梁素海入口处,是亚洲最大的斜式轴流泵站,与黄河三盛公水利枢纽同为河套灌区灌排体系的关键性水利工程。红圪卜排水站范围包括总排干主干段 203 km 和红圪卜排水站站区,总面积 52 km²。该站由一站(旧站)和二站(新站)组成:一站始建于 1977 年 8 月,装机容量 2 100 kW,安装立式轴流泵 10 台,设计排水量 30 m³/s,设计净扬程 2.19 m,2009 年进行了技术改造,机组减为 6 台,设计排水量为 18 m³/s,关闭自流闸,配合二站运行,实现了全年低水位运行。二站建成于 1991 年,装机容量 3 780 kW,安装 6 台斜式轴流泵,当时其技术性能达到国际 20 世纪 80 年代先进水平,6 台机组设计排水能力 100 m³/s,设计净扬程 2.6 m,投资 2 840 万元。一站、二站现有总装机容量5 040 kW,安装机组 12 台,设计总排水流量 120 m³/s。2009—2016 年,该站列入国家大型泵站节能改造项目,累计完成投资 8 000 多万元,对主要的机泵设备进行了彻底的更新改造,机泵的现代化水平进一步提高。

2.2　试验材料与设计

野外田间试验在内蒙古乌拉特前旗长胜节水盐碱化与生态试验站(经度108°30.4′ E,纬度 40°57.2′ N,海拔 1 024 m)开展,见图 2-2。试验田表层以壤土为主,下层以沙壤土为主,土壤密度为 1.427~1.599 g/cm³,表层土壤为中度盐碱土。试验区地表来水主要为黄河水,平均矿化度为 0.5 g/L,经与农业灌溉水质标准比较,水质基本符合农业灌溉要求。黄河水是试验区主要的潜水补给来源,地下水化学类型为 Cl·SO₄-Na,矿化度年均 3.0 g/L。根据试验区布置的地下水观测井资料,2015 年和 2016 年试验田地下水位、水质年内动态变化情况见图 2-3、图 2-4。

图 2-2　野外田间试验站

图 2-3　地下水位年内动态变化

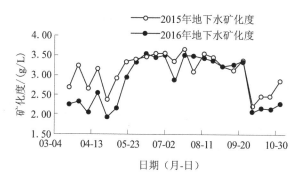

图 2-1　地下水矿化度年内动态变化

地下水的埋深与引黄河水量密切相关,此外还随着作物生长季节呈规律性变化。地下水最小埋深在 0.5 m 左右,出现在 5 月中旬,最大埋深在4.0 m以上,出现在 10 月上旬,6 月和 7 月地下水位波动较大;地下水埋深变化较引黄河水情况变化滞后 3 d 左右。

试验区地下水矿化度与渠引黄河水制度、潜水蒸发强度和作物吸水能力等因素密切相关。地下水位在 2015 年 4 月 28 日和 2016 年 5 月 2 日分别达到当年最低值,地下水矿化度在 2015 年 7 月 20 日和 2016 年 7 月 24 日分别为 3.65 g/L 和 3.48 g/L,达到当年最高值。

2.2.1　试验材料

2.2.1.1　试验土壤

供试土地为内蒙古长胜节水盐碱化与生态试验站的试验田,试验田周边灌排条件良好,总体为长方形(144 m×38 m)。土壤阳离子主要是 Na^+ 和 Ca^{2+},阴离子主要是 SO_4^{2-} 和 Cl^-。取 0~100 cm 土层土壤,按试验田的土壤剖面结构分 0~20 cm、20~60 cm、60~100 cm 三层分析,采用美国农业部土壤颗粒分级方法对试验田进行土壤分级,试验田土壤基本物理性质见表 2-2,试验田土壤基本化学性质见表 2-3,试验田土壤盐分组成见表 2-4。

表 2-2　试验田土壤基本物理性质

土层深度/cm	干容重/(g/cm³)	土质分类	孔隙度/%	凋萎系数/%	田间持水率/%	颗粒组成/%		
						黏粒	粉粒	沙粒
0~20	1.599	壤土	60.34	12.32	26.40	4.58	32.10	63.32
20~60	1.473	壤质沙土	55.59	11.04	25.76	1.46	11.34	87.20
60~100	1.427	沙质壤土	53.85	9.00	20.94	2.28	26.30	71.42

表 2-3   试验田土壤基本化学性质

土层深度/cm	总氮含量/(g/kg)	总磷含量/(g/kg)	速效氮含量/(mg/kg)	速效磷含量/(mg/kg)	速效钾含量/(mg/kg)	有机质含量/(g/kg)	盐分含量/(g/kg)
0~40	0.20	0.28	29.34	0.52	102.26	2.06	2.92
40~60	0.14	0.36	15.20	0.43	76.90	1.58	2.03
60~100	0.10	0.25	7.00	0.64	68.54	1.40	2.51

表 2-4   试验田土壤盐分组成

土层深度/cm	土水比 1:5上清液盐分离子浓度/(mmol/L)							
	CO_3^{2-}	HCO_3^-	Cl^-	SO_4^{2-}	Ca^{2+}	Mg^{2+}	Na^+	K^+
0~40	0.03	0.92	43.28	14.58	12.36	1.88	44.12	0.45
40~60	0.03	0.56	38.34	28.42	18.42	2.02	46.08	0.83
60~100	0	0.62	42.55	18.69	14.64	3.43	42.56	1.23

2.2.1.2   灌溉用水

作物生育期内膜下滴灌所采用的微咸水为当地地下水,灌溉期间平均矿化度为 3.37 g/L,引黄灌溉水源为经多级渠道引入田间的黄河水,春汇灌溉期间平均矿化度为 0.49 g/L。国内外对灌溉水质是否会对农田造成影响进行过大量研究,Sofield(1935)、Magistad 和 Christiansen(1944)认为,灌溉水 SSP<60%可用于灌溉,不会有盐碱化危险;Eaton(1950)、Wilcdx(1954)认为灌溉水 RSC<1.25 灌溉比较安全;美国盐土实验室研究认为灌溉水 SAR<10 属低钠水,可用于灌溉;刘福汉[91]认为灌溉水 SDR 值在 1.0~1.5 土壤不易因灌溉而碱化;我国于 2005 年 7 月 21 日发布了《农田灌溉水质标准》(GB 5084—2005)[92],标准适用于全国以地表水、地下水等为水源的农田灌溉用水。2016年春汇期间引黄灌溉用黄河水和作物生育期灌溉用地下微咸水的综合水质评价见表 2-5。

表 2-5　灌溉水水质综合评价

项目	黄河水	浅层地下水	项目	黄河水	浅层地下水
Ca^{2+}/（mg/L）	73.23	315	pH	7.5	8.47
Mg^{2+}/（mg/L）	52.45	202	电导率/（μS/cm）	988.74	6 739.4
$Na^{+}+K^{+}$/（mg/L）	107.91	1 337.7	矿化度/（g/L）	0.49	3.37
CO_3^{2-}/（mg/L）	9.25	189.1	SSP/%	36.87	54.29
HCO_3^{-}/（mg/L）	101.74	99.1	RSC	−14.69	−24.66
Cl^{-}/（mg/L）	60.55	559.2	SAR	2.34	9.59
SO_4^{2-}/（mg/L）	89.24	667.6	SDR	0.58	1.19

据《农田灌溉水质标准》（GB 5084—2005）[92]，黄河水各项指标均符合要求，虽然试验区地下水所含氯化物和全盐量超标（氯化物：实际值559.2 mg/L>标准值上限 350.0 mg/L；全盐量：实际值 3 370 mg/L>标准值上限 2 000 mg/L），但试验期间黄河水和地下微咸水的 4 项综合指标（SSP、RSC、SAR、SDR）均符合灌溉水质评价标准。

2.2.1.3　试验毛管

试验所用滴灌带为上海华维节水灌溉股份有限公司生产的内镶贴片式滴灌带，滴头间距为 300 mm，滴头流量 1.38 L/h，滴灌带管径为 16 mm，价格 0.18 元/m；试验采用地膜的材料为聚氯乙烯，宽度为 70 cm。

2.2.1.4　试验作物

玉米和向日葵属于目前河套灌区的主要经济作物。玉米品种为科河 24，种植密度为 67 500~75 000 株/hm²，行距为 60 cm，株距为 20 cm，有耐旱的特性，产量稳定，高抗大小斑病，抗倒力强，生育期 128 d 左右；向日葵品种为浩丰 6601 杂交食用向日葵，发芽率≥90%，播种深度≤4 cm，播种期间土壤表层 10 cm 稳定温度≥10 ℃，行距 50 cm，株距 50 cm，具有耐盐耐旱的特性，生育期 105 d 左右。

2.2.1.5　试验肥料

试验肥料主要为磷酸二铵（DAP）、硫酸钾、尿素和复合肥。其中磷酸二铵组成为 N-P-K＝18-46-0，硫酸钾含钾 45.0%；尿素含氮约为 46.2%，0.85~2.8 mm 粒径含量≥90%；复合肥组成为 N+P_2O_5+K_2O≥45%，其具体组成为 N12-$P_2O_5$18-K_2O15。

2.2.2　试验设计

春汇灌溉属于作物非生育期引黄河水补充灌溉,主要是为了淋盐储墒,微咸水灌溉属于作物生育期灌溉,主要是为了满足作物生长所需水分条件,春汇灌溉可以淋洗农田微咸水膜下滴灌后的累积盐分,增加播前土壤水分含量,减少作物生育初期微咸水灌溉定额。春汇采用渠引黄河水,在试验田堤开口引水春汇,设置直角三角堰,并记录水位差和灌水时间,控制灌水定额。在作物生育期,利用取水系统,从灌溉井抽取地下水,通过田间管道系统泵送至试验田毛管。

每年春汇前先对试验田进行翻地、耙地、铺设滴灌带、覆膜等农艺措施处理。2014 年对所有试验田均进行春汇处理,引黄灌溉水量 2 250 m^3/hm^2;2015 年对试验设置的一年春汇处理引黄河水灌溉,引黄水量 2 250 m^3/hm^2,对两年春汇处理不引黄河水灌溉;2016 年对试验设置的 QH 处理和 BH 处理引黄河水灌溉,引黄水量分别为 2 250 m^3/hm^2 和 1 125 m^3/hm^2,对 2015 年设置的两年春汇处理引黄河水灌溉,引黄水量为 2 250 m^3/hm^2,对 NH 处理不引黄河水灌溉。春汇灌溉前(2015 年4 月 22 日、2016 年 4 月 29 日)在各块试验田分别随机设置 9 个取样位置,每个取样位置用土钻取 0~10 cm、10~20 cm、20~30 cm、30~40 cm、40~60 cm、60~80 cm、80~100 cm 共 7 层土样;玉米播前(2015 年 5 月 7 日、2016 年 5 月 13 日)分别在各块试验田取土样,取样位置及深度同播前;于 2015 年 5 月 8 日和 2016 年 5 月 14 日在相应处理种植相同品种的玉米(科河 24 号玉米),于 2015 年 5 月 25 日和 2016 年 5 月 28 日在相应处理种植相同品种的葵花(浩丰 6601 杂交食用向日葵),统计各试验田内作物的出苗率,记录相应的出苗时间。

玉米和葵花的微咸水膜下滴灌-引黄补灌试验不研究作物对肥料的利用情况,试验的施肥制度依据河套灌区已有的玉米和葵花膜下滴灌施肥制度,结合内蒙古河套灌区农民的传统施肥经验确定,玉米和葵花的传统黄河水地面灌溉对照处理施肥制度完全依据当地的传统施肥制度。

玉米微咸水膜下滴灌施肥制度:5 月中旬基施磷酸二铵 375 kg/hm^2、硫酸钾 300 kg/hm^2,玉米生育期内追施 6 次尿素,单次追施定额为 75 kg/hm^2,玉米生育期内追施 3 次复合肥,单次追施定额为 4 575 kg/hm^2。玉米传统黄河水地面灌溉施肥制度:5 月中旬基施磷酸二铵 375 kg/hm^2、硫酸钾 300 kg/hm^2、尿素 300 kg/hm^2,6 月下旬追施 1 次尿素,追施定额为 750 kg/hm^2,6 月下旬追施 1 次复合肥,单次追施定额为 150 kg/hm^2。葵花微咸水膜下滴灌施肥制度:5 月中旬基施磷酸二铵 375 kg/hm^2、硫酸钾 300 kg/hm^2,葵花生育期内追施 4 次尿素,单次追施定额为 75 kg/hm^2,葵花生育期内追施 2 次复合肥,单次追施定额为45 kg/hm²。葵花传统黄河水地面灌溉施肥制度：5 月中旬基施磷酸二铵375 kg/hm²、硫酸钾 300 kg/hm²、尿素 300 kg/hm²，6 月下旬追施 1 次尿素，追施定额为 300 kg/hm²，6 月下旬追施 1 次复合肥，单次追施定额为 150 kg/hm²。

玉米、向日葵的微咸水膜下滴灌-引黄补灌试验均设 3 个不同灌水下限，每个灌水下限对应一年引黄补灌（一年春汇）和两年引黄补灌制度（两年春汇），另外分别设置监测玉米和葵花的传统黄河水地面灌溉对照处理，共计 14 个试验处理进行研究，具体分组见表 2-6。

表 2-6　试验处理设计

灌水方式		微咸水膜下滴灌-引黄补灌		传统黄河水地面灌
作物	灌水下限/kPa	一年引黄补灌	两年引黄补灌	一年引黄补灌
玉米	−20	一井 20Y	两井 20Y	黄漫 Y
	−30	一井 30Y	两井 30Y	
	−40	一井 40Y	两井 40Y	
葵花	−20	一井 20K	两井 20K	黄漫 K
	−30	一井 30K	两井 30K	
	−40	一井 40K	两井 40K	

在表 2-6 中，"一井 20Y"表示以玉米为供试作物，每年都采用黄河水春汇处理一次，微咸水灌水下限为−20 kPa；"一井 20K"表示以葵花为供试作物，每年都采用黄河水春汇处理一次，微咸水灌水下限为−20 kPa；"两井 20Y"表示以玉米为供试作物，每两年采用黄河水春汇处理一次，微咸水灌水下限为−20 kPa；"两井 20K"表示以葵花为供试作物，每两年采用黄河水春汇处理一次，微咸水灌水下限为−20 kPa；"黄漫 Y"表示以玉米为供试作物，采用传统地面灌溉模式；"黄漫 K"表示以葵花为供试作物，采用传统地面灌溉模式。

玉米和葵花膜下滴灌-引黄补灌处理分别于 5 月中旬和 6 月初播种，种植模式均为一膜一带两行，玉米种植模式见图 2-5，葵花类似。微咸水膜下滴灌处理采用土水势（张力计）控制滴头下 20 cm 深土层基质势下限指导灌溉，利用埋设深度为 120 cm 的 TDR 水分监测系统进行校验，当张力计读数达到指定灌水下限时,进行灌溉并适时施肥,各阶段单次灌水定额设计见表2-7;玉米和向日葵的传统黄河水地面灌处理种植模式为一膜两行,按照当地传统的灌水时间灌水,采用直角三角堰控制单次灌水量。记录每次灌水试验小区的灌水日期、张力计读数、灌水量、施肥种类和施肥量。

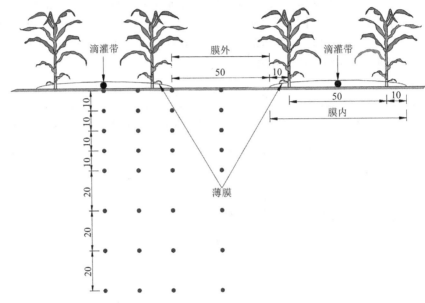

图 2-5　作物种植模式及取样点示意图　（单位:cm）

表 2-7　单次灌水定额设计　　　　　单位:m³/hm²

玉米			向日葵			
生育期	微咸水膜下滴灌一年引黄补灌	微咸水膜下滴灌两年引黄补灌	传统黄河水地面灌	生育期	微咸水膜下滴灌一年引黄补灌	微咸水膜下滴灌两年引黄补灌	传统黄河水地面灌
播前	2 250		2 250	播前	2 250		2 250
苗期	225	225	2 250	苗期	225	225	1 500
拔节期	225	225		现蕾期	225	225	
抽穗期	225	225	2 250	花期	225	225	1 000
灌浆期	300	300		灌浆期	300	300	
乳熟期	225	225		蜡熟期	225	225	

2.3　观测内容及方法

2.3.1　土壤理化性质监测

2015 年、2016 年 4 月初在微咸水灌溉试验地块、黄河水漫灌地块和试验站井灌地块按 4 钻 7 层法取土样测含水率、全盐量、八大离子、pH、颗分,取环刀测土壤水分特征曲线、田间持水量、容重、速效 N、速效 P、速效 K,取土样时以滴头为中心,在垂直滴灌带距滴头 0 cm、17.5 cm、35 cm 和 60 cm 处分别取 0~10 cm、10~20 cm、20~30 cm、30~40 cm、40~60 cm、60~80 cm 和 80~100 cm 土层土壤,具体如图 2-5 所示;春汇试验灌前和播前所取土样测全盐量、pH、速效氮、速效磷和速效钾含量。

作物播前在全量春汇地块、半量春汇地块、不春汇地块、玉米黄河水地面灌地块、葵花黄河水地面灌地块按 4 钻 7 层法取土样测含水率、养分、全盐量、八大离子、$EC_{1:5}$,取环刀测土壤水分特征曲线、密度和颗分。

分别在玉米苗期、拔节期、抽穗期、灌浆期、乳熟期及葵花苗期、现蕾期、花期、灌浆期、蜡熟期按 4 钻 7 层法取土样测含水率、全盐量和 $EC_{1:5}$。

玉米和葵花收后各处理按 4 钻 7 层法取土测全盐量、$EC_{1:5}$、养分、八大离子,取环刀测密度、土壤水分特征曲线、颗分。

土壤颗分、水分特性曲线和密度测定方法:田间取得土样经自然风干后碾压过 0.8 mm 孔径标准筛,利用激光粒度分析仪(Bbckm-conl-trels-230)测定各粒径范围的含量,然后用 Fraunhofer 理论模型计算得出土壤颗粒组成;环刀取得土样利用压力薄膜仪、电子天平等仪器测土壤水分特性曲线和密度。

土壤水分测定方法:在各试验处理膜内和膜外分别埋设 TDR 管,埋设深度为 120 cm,间隔 7 d 监测不同试验处理各土层含水率;每天 08:00、14:00、18:00 观测各处理埋设的张力计读数,并记录;土钻取土后装入铝盒,采用中兴 101 型电热鼓风干燥箱在 105 ℃烘 8 h,借助电子天平(精确至 0.01 g)由称重法计算土壤含水率;间隔 1 个月利用称重法测得含水率校正 TDR 监测的含水率值。

土壤盐分、碱性、养分测定方法:从试验田取回的土样经自然风干后碾压过 2mm 孔径标准筛,将过筛后的土样与去离子水按 1:5 搅拌混合,静置一段时间澄清后,用雷磁 DDSJ-308A 电导仪测定上清液电导率,用上海雷磁 PHS-25 台式数显 pH 计测定上清液 pH 值。结合试验数据拟合得到的土壤盐分含量与土壤电导率(土水比 1:5)之间的线性关系,见图 2-6。土壤 Ca²⁺、Mg²⁺含量(mg/kg)采用 EDTA(乙二胺四乙酸,Ethylene Diamine Tetraacetic Acid)滴定法测定;土壤 Na⁺含量(mg/kg)采用火焰光度计法测定;土壤硝态氮含量(mg/kg):1 mol/L KCl 浸提,紫外分光光度计测定;土壤铵态氮含量(mg/kg):1 mol/L KCl 浸提,靛酚蓝比色法测定;土壤速效磷含量(mg/kg):0.5 mol/L NaHCO₃浸提,钼锑抗比色法测定;土壤速效钾含量(mg/kg):NH₄OAc浸提,火焰光度计测定。

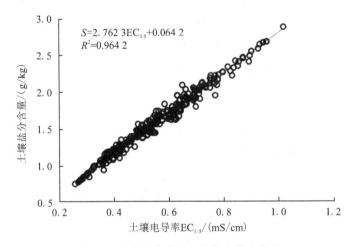

图 2-6　土壤盐分含量与土壤电导率关系

2.3.2　水位、水质特征监测

2015 年、2016 年自 3 月 20 日起,间隔 10 d 分别取一次地下水和黄河水水样,测一次水位,所取水样检测全盐量、八大离子、pH、EC 值。

2.3.3　气象资料观测

在作物生育期间,使用 YM-03 自动气象记录仪同步记录试验区的降雨量、2 m 高处风速、相对湿度、光合有效辐射、太阳总辐射、气压、风向、最高温度、最低温度,记录时间间隔为 0.5 h。采用 AM3 型蒸发皿每天 08:00 测定日蒸发量。

2.3.4　作物形态及生理特征指标观测

玉米和葵花出苗后,调查各处理的出苗率,分别在各试验小区选取连续 5

株长势均匀的植株,做好标记。在玉米和葵花的每个生育期测试一次标记作物的株高、茎粗、叶面积。

2.3.5　考种与测产

根据《灌溉试验规范》(SL 13—2014)[93],调查玉米、葵花生育期动态,并在各自生育期结束后进行考种。

玉米考种指标:穗长、穗粗、穗重、秃尖长度、穗行数、行粒数、单穗玉米粒重、百粒重。

向日葵考种指标:盘径、盘重、单盘粒重、百粒重、百粒仁重。

作物出苗后,在每个试验处理内,选取 5 株长势均匀的作物,并做好标记,以便后期跟踪调查,在每个生育期的初、末分别测定各处理 5 株标记作物的株高、茎粗、叶面积,取均值作为作物本生育期的生长指标;在玉米生育期结束后,单独收获各处理标记的 5 株玉米植株玉米穗,分别测量其穗长、穗粗、穗行数、行粒数、秃尖长度、单穗玉米粒重、百粒重。在葵花生育期结束后,单独收获各处理标记的 5 株葵花植株花盘,分别测量其盘径、盘重、单盘粒重、百粒重、百粒仁重。

玉米测产:各试验小区随机取 3 个 12 m²(宽 2.4 m×长 5.0 m)面积收获,进行脱粒、自然晾干,得出面积 12 m² 的玉米总干重,计算各试验处理平均单位面积玉米质量,再换算出每公顷玉米产量。

向日葵测产:各试验小区随机取 3 个 12 m²(宽 2.4 m×长 5.0 m)面积收获,进行脱粒、自然晾干,得出面积 12 m² 的向日葵总葵花籽干重,计算各试验处理平均单位面积葵花籽质量,再换算出每公顷向日葵产量。

作物产量可通过式(2-1)由实测产量估算:

$$Y = \frac{10\ 000}{12} \times y \qquad (2\text{-}1)$$

式中　Y——作物产量,kg/hm²;

　　　y——作物单位面积实测产量,kg/m²。

2.3.6　数据分析

利用 Excel 2007 和 Surfer 12.2.705 软件统计分析试验所得数据;利用 Origin 9.0 和 Surfer 12.0 绘图软件绘制土壤剖面水分和盐分的变化规律;利用 SPSS 20.0 软件进行单因素方差分析(ANOVA),确定各试验处理对应指标的显著性($\alpha = 0.05$)。

第 3 章　春汇制度对土壤环境效应影响研究

3.1　不同春汇定额对土壤环境效应影响研究

3.1.1　不同春汇定额对土壤盐分影响

整理分析 2016 年 QH 处理（2 250 m³/hm²）、BH 处理（1 125 m³/hm²）和 NH 处理（0 m³/hm²）在春汇试验灌前（4 月 29 日）和播前（5 月 13 日）各层土壤盐分分布如图 3-1～图 3-3 所示。

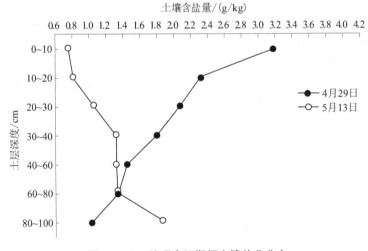

图 3-1　QH 处理春汇期间土壤盐分分布

土壤含盐量/(g/kg)

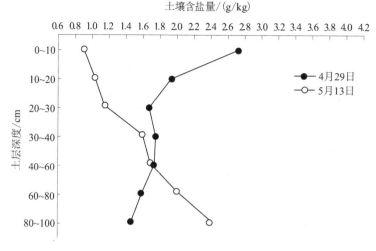

图 3-2　BH 处理春汇期间土壤盐分分布

土壤含盐量/(g/kg)

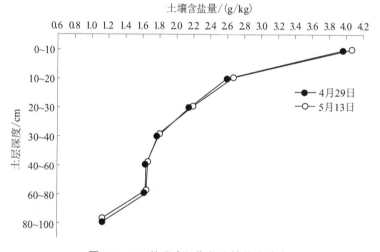

图 3-3　NH 处理春汇期间土壤盐分分布

从图 3-1～图 3-3 中可以看出,春汇试验灌前虽然各处理土壤盐分状况不完全相同,但在竖直剖面上总体分布一致,总体呈现出随着土层深度的增加,土壤含盐量逐渐减少的趋势,表层 20 cm 土壤含盐量最高,明显大于相同处理其他土层,这主要是在试验前一年作物收获后,试验田同当地其他未做处理农田一样经历了 5 个月的冻结和蒸发,土壤溶液中水分蒸发后,盐分离子滞留在表层土壤中。另外,土壤中盐分离子随着土壤水向表层运动,逐渐向表层聚集。

QH 处理 0~80 cm 和 BH 处理 0~60 cm 均脱盐,NH 处理表层 10 cm 土层含盐量增加,其他各层土壤含盐量几乎没有变化,这主要是由于汇水处理后的历时 15 d 里,NH 处理的试验田受表土蒸发的影响,因此表层 10 cm 含盐量略有升高;从图 3-1~图 3-3 中可以看出,QH 处理 80~100 cm 和 BH 处理 60~100 cm 均积盐,这主要是由于汇水后,表层土壤中易溶性盐分溶入水中,随着灌溉水补给地下水竖直向下运动,下层土壤中含盐量相对汇水前增加;QH 处理和 BH 处理灌水后,相同深度土层内,QH 处理比 BH 处理土壤含盐量低,这说明汇水灌溉定额越高,盐分被淋洗得越深、越彻底。

通过式(3-1)、式(3-2)计算各处理在 4 月 29 日和 5 月 13 日期间的脱盐率和洗盐效率,绘制成图 3-4 和图 3-5。

脱盐率计算公式如下:

$$P_{\text{ch}} = \frac{W_{\text{c}} - W_{\text{b}}}{W_{\text{c}}} \times 100\% \tag{3-1}$$

脱盐率<0 表示积盐,即积盐率等于负的脱盐率取绝对值,洗盐效率 η_x 计算公式如下:

$$\eta_x = \frac{W_{\text{c}} - W_{\text{b}}}{m} \tag{3-2}$$

式中　W_{c} ——春汇灌溉前土壤含盐量,g/hm²;

　　　W_{b} ——播种前土壤含盐量,g/hm²;

　　　m ——秋浇定额,m³/hm²。

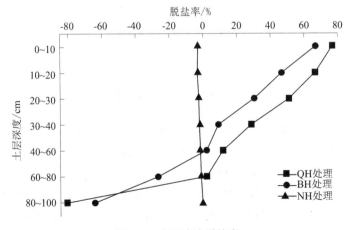

图 3-4　春汇试验脱盐率

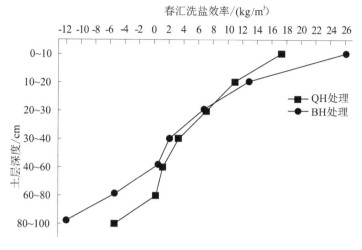

图 3-5　春汇试验洗盐效率

从图 3-4 可以看出,0~80 cm 内 QH 处理的脱盐率大于 BH 处理,在 80~
100 cm QH 处理的积盐率小于 BH 处理,这是由于 QH 处理灌水定额大,对试
验田土壤盐分淋洗充分,上层土壤中盐分随水下渗向下层运动,一部分滞留下
来,滞留在 80~100 cm 土层的盐分多于 80~100 cm 土层随水向更深层运移的
盐分。BH 处理各土层均积盐,且各土层积盐率相差不大,这主要是试验期间
受表土蒸发的影响。从图 3-5 可以看出,无论 QH 处理还是 BH 处理,表层的
洗盐效率均大于底层,这主要是由于灌溉水是由表层向深层下渗的,试验灌溉
所用黄河水本身含盐量低,矿化度仅为 0.49 g/L,灌溉水进入试验田后,表层
土壤中易溶性盐类诸如钾盐、钠盐和多数氯化物几乎全部溶入水中,随水向下
运动,部分难溶性盐随着温度的逐渐升高,历时一段时间(5 月 13 日之前)之
后,也逐渐溶于水,随水向下运动,到达下层的灌溉水已经含有大量表层土壤
中的易溶性盐分和部分难溶性盐分,浓度升高,下层土壤中易溶性盐分绝大部
分溶解随水分向下运动,难溶性盐分部分溶解随水向下运动,部分灌溉水中的
盐分在此滞留,距地表越深,溶入水中的盐分越少,滞留的盐分越多,直至到达
一定深度的土层(QH 处理 80 cm 以下,BH 处理 60 cm 以下),滞留的盐分多
于溶入水中的盐分,出现积盐。从图 3-5 可以看出,除表层 20 cm 土层外,QH
处理和 BH 处理 0~60 cm 土层洗盐效率相差不大,这说明并非灌溉定额越大,
洗盐效率越高。在满足农田播种前土壤水盐环境的要求下,春汇期间没必要
灌入过量的黄河水。

3.1.2　不同春汇定额对土壤养分影响

碱解氮又称速效氮,包括易水解的有机氮和无机氮,反映了土壤近期内氮素供应情况;速效磷是土壤中可被植物吸收的磷组分,包括全部水溶性磷、部分吸附态磷及有机磷;速效钾是土壤中的水溶性钾,随土壤含水率及盐分浓度变化而变化。

通过测定各处理在 4 月 29 日和 5 月 13 日取土样的养分,整理分析 QH 处理、BH 处理和 NH 处理在春汇前和播种前土壤养分淋失率 P_s 及土壤养分淋失效率 η_s 计算分别见式(3-3)和式(3-4):

$$P_s = \frac{N_c - N_b}{N_c} \times 100\% \tag{3-3}$$

$$\eta_s = \frac{N_c - N_b}{m} \tag{3-4}$$

式中　N_c ——春汇灌溉前土壤养分含量,$\mathrm{mg/hm^2}$;

　　　N_b ——春汇灌溉后播前土壤养分含量,$\mathrm{mg/hm^2}$;

　　　m ——秋浇定额,$\mathrm{m^3/hm^2}$。

整理各处理碱解氮、速效磷和速效钾淋失率如图 3-6~图 3-8 所示。

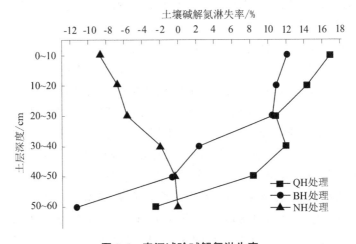

图 3-6　春汇试验碱解氮淋失率

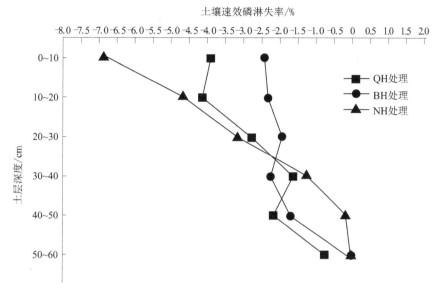

图 3-7 春汇试验速效磷淋失率

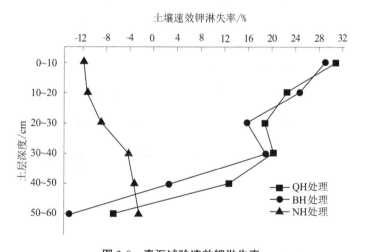

图 3-8 春汇试验速效钾淋失率

从图 3-6 和图 3-8 可以看出,QH 处理和 BH 处理在 0~50 cm 土壤中碱解氮和速效钾淋失率 P_s >0,在 50~60 cm 土壤中碱解氮和速效钾淋失率 P_s <0,这说明碱解氮和速效钾受灌溉水淋洗作用在 0~50 cm 土层中减少,在 50~60

cm 土层中增加。同盐分淋洗类似,由于春汇灌溉水本身所含碱解氮和速效钾含量很低,灌溉水进入试验田,土壤中易水解的有机氮、无机氮和水溶性钾溶入水中,随水下渗向下层运动,并逐渐在下层滞留聚集,下层土壤中溶入灌溉水中的氮素和水溶性钾小于在该土层滞留的氮素和水溶性钾量,导致下层土壤中碱解氮和速效钾含量相比汇水试验前反而增加。

从图 3-7 可以看出,各处理土壤中速效磷淋失率 P_s <0,这说明相比春汇灌溉前各处理土壤中速效磷含量均增加,随着土层深度的增加,速效磷的淋失率逐渐增大,这说明随着土层深度的增加,速效磷的增长率逐渐减小。这主要是由于试验前一年种植过玉米的农田土壤中水溶性磷多数被玉米植株吸收,土壤中残留下吸附态磷和有机磷,相对速效钾和碱解氮难以被淋失;其次在试验期间,土壤温度已经回升至 10 ℃以上,土壤中有机磷分解,水溶性磷和吸附态磷含量增加,进入灌溉水并随水分下渗向下运动的磷素小于土层中增加的磷素,因此各处理土壤中磷素总体上呈增加趋势,另外,随着表层向深层解冻,土壤温度随土层深度增加而降低,有机质分解量减少,土层中磷素增长率随之减小。

整理各处理碱解氮、速效磷和速效钾淋失效率如图 3-9~图 3-11 所示。

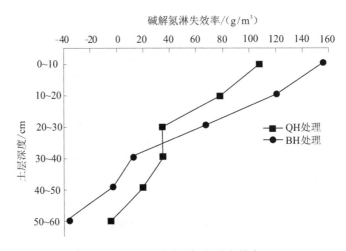

图 3-9　春汇试验碱解氮淋失效率

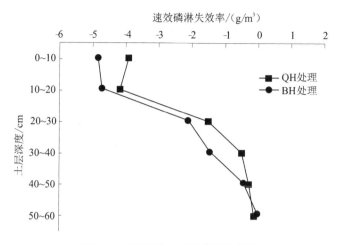

图 3-10　春汇试验速效磷淋失效率

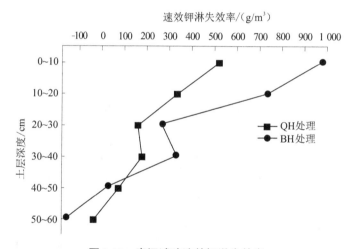

图 3-11　春汇试验速效钾淋失效率

从图 3-9 和图 3-11 可以看出,碱解氮和速效钾的淋失效率,在表层 30 cm 内,BH 处理比 QH 处理高,在 30~60 cm 内,BH 处理比 QH 处理低;从图 3-10 可以看出,QH 处理和 BH 处理对速效磷的淋失效率 $\eta_s < 0$,且速效磷淋失效率随着土层深度的加深而增大。这说明在春汇试验期间,各层土壤速效磷含量在增长,QH 处理和 BH 处理的速效磷增长效率随着土层深度的增加而减小,且在相同深度土层,速效磷的增长效率 BH 处理大于 QH 处理。

3.1.3 不同春汇定额对土壤 pH 值影响

通过试验测定土壤溶液(土水质量比 1∶5)的 pH 值,整理分析各处理春汇灌溉前和灌后播种前各土层 pH 值,绘图如图 3-12~图 3-14 所示。

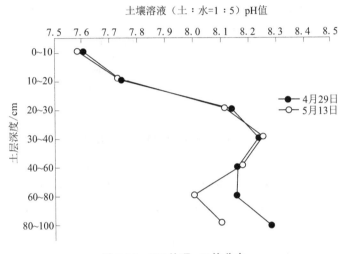

图 3-12　QH 处理 pH 值分布

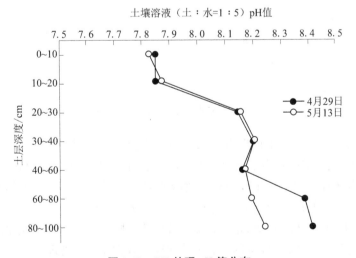

图 3-13　BH 处理 pH 值分布

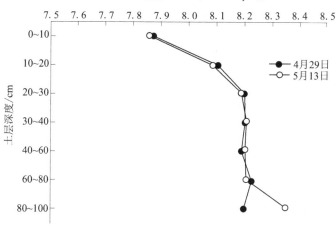

图 3-14 NH 处理 pH 值分布

各处理土壤溶液 pH 值在 7.5~8.4,在表层 60 cm 内,各处理土壤溶液 pH 值在试验期间前后变化不大,在 60~100 cm 土层内,相比灌前各处理在播前土壤溶液 pH 值均减小,QH 处理和 BH 处理表层 30 cm 土壤溶液 pH 值 <8.15,这主要是由于灌水后,表层土壤中 CO_3^{2-} 和 HCO_3^- 含量减少,使得土壤由碱性向中性过渡。

3.1.4 不同春汇定额对土壤水分和土壤温度的影响

玉米播种前测试试验田表层 10 cm 土壤温度,发现 NH 处理>BH 处理>QH 处理>14 ℃。玉米播种前取表层 20 cm 土样测试土壤含水率,发现 QH 处理>BH 处理>NH 处理>50%θ_{fc}。

3.2 不同春汇定额对典型作物出苗的影响

土壤温度和水分是种子发芽的必要条件。相关研究表明,玉米和葵花出苗率主要取决于土壤的水分和温度。玉米播种时 0~10 cm 土层适宜含水率 18%~26%,适宜温度 16.5~18 ℃[94];向日葵播种时表层土壤适宜温度在 10 ℃以上,苗期 0~10 cm 土层适宜含水率在(35%~45%)θ_{fc}。在春播期,气温虽然相同,但各个田块的地温是不同的,这是由于地温不仅与气温有关,还与土壤的疏松程度、土壤含水量大小有关。在相同气温时,若春汇灌水量适宜,土壤水分含量小,地温高,促进幼苗生长;反之,若春汇灌水量太大,土壤水分含量也大,地温低,影响种子发芽,抑制幼苗生长。

除土壤的温度和水分外,土壤的盐分环境也影响作物出苗率,研究表明,玉米苗期 0~10 cm 土层土壤含盐量不宜大于 0.12%[95];向日葵在土层含盐量低于 0.5% 的盐渍化土壤中可以保证出苗[96-97]。

统计试验田及当地农民耕地的玉米和葵花出苗时间及出苗率,结果如表 3-1 所示。

表 3-1　作物出苗情况统计

汇水处理	玉米出苗率/%	出苗时间(年-月-日)	葵花出苗率/%	出苗时间(年-月-日)
传统地面灌溉处理	99.53	2016-05-27	91.12	2016-06-05
QH 处理	99.52	2016-05-27	90.72	2016-06-05
BH 处理	99.68	2016-05-27	91.05	2016-06-05
NH 处理	94.84	2016-06-01	86.56	2016-06-14

从表 3-1 可以看出,无论玉米还是葵花,灌水处理比 NH 处理出苗率高,但 QH 处理、BH 处理与对照处理之间玉米和葵花出苗率相差不大,这说明春汇灌溉可以有效淋洗表层土壤盐分,保证玉米和葵花的正常出苗率。说明 1 125 m³/hm² 和 2 250 m³/hm² 灌水定额均能充分淋洗表层土壤中盐分,达到玉米和葵花的发芽出苗要求,春汇后覆膜滴灌和覆膜地面灌溉对前期作物出苗时间和出苗率无影响;相同条件下土壤盐分环境对葵花出苗的影响大于对玉米的出苗影响。

NH 处理试验田玉米出苗时间要比 QH 处理、BH 处理和对照处理晚 5 d 左右,NH 处理试验田葵花出苗时间要比 QH 处理、BH 处理和对照处理晚 9 d 左右,这说明土壤盐分环境除影响玉米和葵花的出苗率外,还延缓了出苗时间。因此,对在前一年农事活动结束后未做任何处理的盐碱耕地,需要在第二年春播种前 20 d 左右引黄河水灌溉,以保证出苗率和出苗时间。

3.3　不同春汇方式对土壤环境效应影响研究

2015 年于 4 月 23 日春汇,一年春汇处理引黄灌水定额为 2 250 m³/hm²,两年春汇处理引黄灌水定额为 0(设定 2015 年为非春汇灌溉年);2016 年于 4 月 30

日春汇,一年春汇处理引黄灌水定额为 2 250 m³/hm²,两年春汇处理引黄灌水定额为 2 250 m³/hm²(设定 2016 年为春汇灌溉年)。测试春汇灌溉前和玉米播前所取土样的盐分和养分,分析不同春汇方式对土壤环境效应的影响。

3.3.1　不同春汇方式对土壤盐分的影响

整理分析一年春汇和两年春汇处理在 2015 年、2016 年灌水前和玉米播前 0~100 cm 各层土壤盐分情况如表 3-2 所示。

表 3-2　春汇期间不同春汇方式土壤含盐情况

春汇制度	时间(年-月-日)	土壤含盐量/(kg/hm²)				
		0~20 cm	20~40 cm	40~60 cm	60~80 cm	80~100m
一年春汇	2015-04-22	8 794.5	5 700.5	4 271.7	3 795.8	2 939.6
	2015-05-07	2 414.5	3 402.6	3 770.9	3 710.2	5 308.4
	2016-04-29	9 258.2	5 405.9	3 682.5	3 841.9	2 882.5
	2016-05-13	2 798.3	3 181.7	3 800.3	4 109.8	5 536.8
两年春汇	2015-04-22	9 018.4	5 862.5	4 183.3	3 710.2	3 139.4
	2015-05-07	10 745.3	5 818.4	4 231.4	3 823.5	3 193.4
	2016-04-29	16 997.4	10 237.4	6 484.5	5 877.0	5 822.2
	2016-05-13	3 134.0	3 844.5	4 212.8	4 309.5	7 220.6

从表 3-2 可知,一年春汇处理土壤脱盐主要集中在表层 40 cm,土壤积盐主要集中在 80~100 cm;两年春汇处理 2015 年土壤积盐主要集中在表层 20 cm,两年春汇处理在 2016 年土壤脱盐主要集中在表层 40 cm,土壤积盐主要集中在 80~100 cm;两年春汇处理在 2015 年播前表层 60 cm 土壤含盐量明显大于一年春汇处理,这说明春汇灌溉可以有效淋洗表层 60 cm 土壤盐分;两年春汇处理在 2016 年灌前各层土壤含盐量均高于一年春汇处理,这主要是由于两年春汇处理 2015 年未进行春汇灌溉,各土层积盐;2016 年播前,两年春汇处理和一年春汇处理表层 40 cm 土壤含盐量相差不大,这说明两年春汇处理在 2015 年未春汇的情况下,2016 年灌溉黄河水 2 250 m³/hm²后表层 40 cm 土壤盐分可以得到充分淋洗。

3.3.2　不同春汇方式对土壤养分和 pH 值的影响

整理分析一年春汇和两年春汇处理在 2015 年、2016 年灌水前和玉米播前 0~60 cm 土壤部分养分情况及 0~20 cm 土壤 pH 值情况,如表 3-3 所示。

表 3-3　春汇期间不同春汇方式土壤部分养分和 pH 值情况

春汇制度	时间(年-月-日)	pH 值	碱解氮/ (kg/hm²)	速效磷/ (kg/hm²)	速效钾/ (kg/hm²)
一年春汇	2015-04-22	7.94	493.9	71.4	1 377.8
	2015-05-07	7.85	432.9	73.7	1 097.1
	2016-04-29	7.82	508.2	76.4	1 386.4
	2016-05-13	7.80	451.2	79.0	1 058.0
两年春汇	2015-04-22	8.04	492.3	70.3	1 394.2
	2015-05-07	8.05	519.9	74.4	1 493.4
	2016-04-29	8.01	507.8	75.2	1 402.4
	2016-05-13	7.83	423.9	77.8	1 074.3

从表 3-3 可以看出,表层 20 cm 土壤经过春汇灌溉 pH 值略减小,这主要是由于春汇后表层土壤中 CO_3^{2-} 和 HCO_3^- 含量减少;表层 60 cm 土壤碱解氮和速效钾含量经过春汇灌溉后减少,两年春汇处理土壤碱解氮和速效钾含量在 2015 年玉米播前相比春汇前分别增加 5.61% 和 7.12%,这主要是由于碱解氮和速效钾容易被灌溉水淋失;表层 60 cm 土壤速效磷含量无论春汇与否均增加,这主要是由于春汇前土壤中速效磷主要是吸附态磷和有机磷,不容易被淋失,春汇期间有机磷分解,土壤中吸附态磷和水溶性磷含量增加。

3.4　不同春汇方式对典型作物出苗的影响

调查统计,2015 年、2016 年一年春汇和两年春汇处理的典型作物出苗率结果如表 3-4 所示。

表 3-4　不同春汇方式作物出苗率统计　　　　　　　　　(%)

春汇制度	2015 年		2016 年	
	玉米	葵花	玉米	葵花
一年春汇	99.52	90.68	99.61	90.59
两年春汇	94.67	87.01	99.55	90.61

一年春汇处理每年春季都引黄河水灌溉农田,从表3-4可以看出,2015年和2016年的作物出苗率相差不大;两年春汇处理2015年春季未引黄河水灌溉,相比一年春汇处理玉米和葵花出苗率分别减小4.85%和3.67%,两年春汇处理2016年春季引黄河水灌溉农田,同一年春汇处理的作物出苗率相差不大,这说明两年春汇处理在引黄河水春汇灌溉年份可以保证作物正常出苗。

3.5　小　结

受冻结和蒸发的影响(11月中旬至翌年4月中旬),土壤中盐分含量随着距地表深度的增加而减少,翌年4月中旬各层土壤含盐量较前一年11月初均增加。春汇定额越大,对土壤盐分淋洗越充分,表层60 cm脱盐率越大;碱解氮和速效钾易被淋失,土壤中速效磷主要是吸附态磷和有机磷,难以被淋失,春汇期间土壤速效磷含量反而增加,在表层30 cm内,春汇定额越大,淋失率和淋失效率越大;引黄河水春汇灌溉可以减少表层土壤中 CO_3^{2-} 和 HCO_3^- 的含量,使得土壤由碱性向中性过渡;春汇定额越大,表层10 cm土壤温度越低,表层20 cm土壤含水率越高;春汇灌溉具有保证作物出苗率和出苗时间的作用。

两年春汇处理在非春汇灌溉年未能通过引黄河水灌溉有效淋洗表层土壤盐分,导致0~100 cm各层土壤含盐量均大于一年春汇处理,玉米、葵花出苗率相对一年春汇处理减小4%左右;两年春汇处理在灌溉年通过引黄河水2 250 m³/hm² 可以有效改善表层40 cm土壤盐分状况,在播前达到一年春汇处理表层40 cm的土壤含盐状况。

为了淋洗盐碱地表层土壤盐分,防止农田土壤次生盐碱化,在前一年秋季农作物收获后未做任何处理的情况下,需要制定科学的春汇制度,引黄河水灌溉农田,确保农田盐分安全,保证作物正常出苗和苗期正常生长发育。每年4月中旬,耕地自前一年冬季封冻后消融至地表以下80 cm,综合考虑春汇定额及春汇制度对表层土壤盐分、养分、pH值、作物出苗和农艺措施的影响,2014—2016年春汇试验初步确定:最佳春汇制度为两年春汇,春汇时间为每年4月中旬,春汇定额为2 250 m³/hm²。

第4章 典型作物微咸水膜下滴灌-引黄补灌的需水规律研究

根据试验观测气象资料和地下水资料,首先采用 Penman-Monteith 法计算参考作物腾发量,查阅相关资料选取作物系数,初步计算典型作物腾发量,然后利用水量平衡法计算作物需水量,最后比较 Penman-Monteith 法和水量平衡法计算的作物需水量,讨论试验区的典型作物系数。

4.1 典型作物不同微咸水膜下滴灌-引黄补灌制度分析

4.1.1 玉米不同微咸水膜下滴灌灌溉制度

2015 年、2016 年试验期间玉米微咸水膜下滴灌灌溉制度分别见表 4-1 和表 4-2。

表 4-1　2015 年玉米微咸水膜下滴灌试验灌溉制度　　单位:m^3/hm^2

时间	一井 10Y	一井 20Y	一井 30Y	一井 40Y	黄漫 Y
4 月下旬	2 250	2 250	2 250	2 250	2 250
6 月上旬	0	0	0	0	0
6 月中旬	225	225	225	225	0
6 月下旬	0	0	0	0	2 250
7 月上旬	450	450	675	675	0
7 月中旬	900	675	225	225	0
7 月下旬	675	225	225	225	0
8 月上旬	900	450	450	225	2 250
8 月中旬	600	600	300	300	0
8 月下旬	600	600	600	300	0
9 月上旬	225	225	225	0	0
合计	6 825	5 700	5 175	4 425	6 750

注:2015 年 4 月下旬灌溉水属引黄河水,其余时间段灌溉水均属地下微咸水。

表 4-2　2016 年玉米微咸水膜下滴灌试验灌溉制度　单位:m³/hm²

时间	一井 20Y	一井 30Y	一井 40Y	两井 20Y	两井 30Y	两井 40Y	黄漫 Y
4 月下旬	2 250	2 250	2 250	0	0	0	2 250
6 月上旬	225	225	225	225	225	225	0
6 月中旬	225	225	225	225	225	225	0
6 月下旬	225	225	225	450	225	225	2 250
7 月上旬	450	450	225	450	450	450	0
7 月中旬	225	225	225	450	225	225	0
7 月下旬	450	450	225	675	675	450	0
8 月上旬	450	225	225	675	450	225	2 250
8 月中旬	300	300	300	300	300	300	0
8 月下旬	300	300	300	300	300	300	0
9 月上旬	225	225	225	225	225	225	0
合计	5 325	5 100	4 650	3 975	3 300	2 850	6 750

注:2016 年 4 月下旬灌溉水属引黄河水,其余时间段灌溉水均属地下微咸水。

从以上灌溉制度可以看出,2015 年、2016 年传统黄河水地面灌处理灌水总量和生育期灌水量分别为 4 500 m³/hm² 和 6 750 m³/hm²;相同春汇制度下随着灌水下限的降低,玉米生育期内灌水量减少;在玉米生育期内相同灌水下限,一年春汇处理比两年春汇处理灌水量少,2015 年比 2016 年灌水量多;玉米生育期内两年春汇-20 kPa 处理灌水量最大为 3 975 m³/hm²。

仅考虑节约水效益,玉米微咸水膜下滴灌灌水下限小于-10 kPa 处理的灌溉制度较玉米传统黄河水地面灌均节水,且灌水下限越低,节水效益越明显;考虑节约淡水效益,两年春汇较一年春汇更节约淡水。

4.1.2　葵花不同微咸水膜下滴灌灌溉制度

2015 年、2016 年试验期间葵花微咸水膜下滴灌灌溉制度分别见表 4-3 和表 4-4。

表4-3　2015年葵花微咸水膜下滴灌试验灌溉制度　　　单位:m³/hm²

时间	一井10K	一井20K	一井30K	一井40K	黄漫K
4月下旬	2 250	2 250	2 250	2 250	2 250
6月上旬	0	0	0	0	0
6月中旬	0	0	0	0	0
6月下旬	0	0	0	0	1 500
7月上旬	450	225	225	225	0
7月中旬	450	450	225	225	0
7月下旬	225	225	225	225	0
8月上旬	675	450	225	225	1 000
8月中旬	600	600	600	300	0
8月下旬	600	300	300	300	0
9月上旬	225	225	225	225	0
合计	5 475	4 725	4 275	3 975	4 750

注:2015年4月下旬灌溉水属引黄河水,其余时间段灌溉水均属地下微咸水。

表4-4　2016年葵花微咸水膜下滴灌试验灌溉制度　　　单位:m³/hm²

时间	一井20K	一井30K	一井40K	两井20K	两井30K	两井40K	黄漫K
4月下旬	2 250	2 250	2 250	0	0	0	2 250
6月上旬	0	0	0	0	0	0	0
6月中旬	0	0	0	0	0	0	0
6月下旬	0	0	0	225	225	225	1 500
7月上旬	225	0	0	450	225	225	0
7月中旬	225	225	225	450	225	225	0
7月下旬	225	225	225	450	450	225	0
8月上旬	450	225	225	450	225	225	1 000
8月中旬	600	600	300	600	600	600	0
8月下旬	300	300	300	300	300	300	0
9月上旬	225	225	225	225	225	225	0
合计	4 500	4 050	3 750	3 150	2 475	2 250	4 750

注:2016年4月下旬灌溉水属引黄河水,其余时间段灌溉水均属地下微咸水。

　　从表 4-3、表 4-4 可以看出,2015 年除一年春汇-10 kPa 灌水下限处理外,其他处理在葵花生育期内的灌水量均小于传统黄河水地面灌,2016 年传统黄河水地面灌的灌水总量和生育期灌水量分别为 2 500 m³/hm² 和 4 750 m³/hm²,灌水总量最大;相同春汇处理随着灌水下限的降低,葵花生育期内灌水量减少;在葵花生育期内相同灌水下限,一年春汇处理比两年春汇处理灌水量少,2015 年比 2016 年灌水量多;葵花生育期内两年春汇-20 kPa 处理灌水量最大为 3 150 m³/hm²。

　　仅考虑节约水效益,葵花微咸水膜下滴灌灌水下限小于-10 kPa 处理的灌溉制度较葵花传统黄河水地面灌节水,且灌水下限越低,节水效益越明显;考虑节约淡水效益,两年春汇较一年春汇更节约淡水。

4.2　水量平衡法计算不同灌溉制度下的典型作物需水量

　　根据《灌溉试验规范》(SL 13—2014)[93]规定,作物耗水量计算为式(4-1):

$$ET_{1-2} = 10 \sum_{i=1}^{n} \gamma_i H_i (W_{i1} - W_{i2}) + M + P + K - C - D \qquad (4-1)$$

式中　ET_{1-2}——阶段蒸发蒸腾量,mm;

　　　　i——土壤层次号数;

　　　　n——土壤层次总数目;

　　　　γ_i——第 i 层土壤干容重,g/m³;

　　　　H_i——第 i 层土壤的厚度,cm;

　　　　W_{i1}、W_{i2}——第 i 层土壤在计算时段始、末的含水率(占干土重的百分率);

　　　　M、P、K、C、D——时段内的灌水量、有效降水量、地下水补给量、地表径流量和深层渗漏量,单位均为 mm。

4.2.1　典型作物生育期内地下水补给量

　　试验区 2015 年和 2016 年地下水位变化情况如图 2-3 所示,地下水最小埋深在 0.5 m 以下,出现在 5 月中旬,最大埋深在 4.0 m 以上,出现在 10 月上旬,在作物生育期内,地下水埋深总体上随着生育期延长而增加。王伦平等[98]在解放闸沙壕渠灌域,测定了向日葵覆盖情况下粉质沙壤土和黏土在潜水埋深为 0.5 m、1 m、1.5 m、1.8 m、2.1 m、2.5 m、3.0 m 及变动水位 8 种处理下的潜水蒸发,结果表明,潜水位为 2.1 m 时,黏土蒸发量为 13.5 mm、粉质沙壤土为 124.62 mm;潜水位为 2.5 m 时,黏土蒸发量为 12.05 mm、粉质沙壤土为 48.78 mm;潜水位为 3.0 m 时,黏土蒸发量为 11.5 mm、粉质沙壤土为 25.4 mm。李法虎等[99]于 1987—1991 年在商丘试验站进行了测坑试验,研究表明对于夏玉米,地下水位埋深为 2.0 m 时,地下水利用量与同期作物需水量之比黏壤土为 16.2%,粉沙壤土为 57.0%;地下水位埋深达 2.5 m 时,其比值分别为 0 和 29.6%。张义强等[100]于 2009—2010 年在河套灌区曙光试验站的研究表明,当地下水埋深为 2.0 m 时,向日葵年度平均补水量为 41.33 mm。

　　由于地表蒸发和作物蒸腾作用,浅埋地下水能不断地补给土壤一定的水量,以满足作物根系吸水。地下水补给土壤的水量或作物对地下水的利用量实际是指在有作物覆盖情况下的潜水蒸发。此部分水量从不能被作物直接利用的地下水转变为可被作物吸收利用的土壤水,扩大了土壤水资源的储量。利用此部分水资源,将减少灌溉定额,提高灌溉水利用率、降低农业生产成本,对拟定灌溉制度等具有一定的指导意义[97]。在地下水埋深较浅的内蒙古河套灌区研究微咸水膜下滴灌-引黄补灌制度,计算地下水补给量非常重要。地下水的补给量与地下水埋深、潜水蒸发、作物种类和土壤质地有关。王伦平等[98]对在河套灌区开展的大田试验结果进行回归分析,得到利用地下水埋深计算潜水蒸发系数的经验公式,见式(4-2),粉沙壤土和黏土的潜水蒸发系数计算分别见式(4-3)和式(4-4)。

$$E = CE_0 \qquad\qquad (4\text{-}2)$$
$$C = 0.335\,6 - 0.292\,9\ln H \qquad\qquad (4\text{-}3)$$
$$C = 0.054\,8H^{-1.526\,6} \qquad\qquad (4\text{-}4)$$

式中　E ——潜水蒸发量,mm;

　　　C ——潜水蒸发系数;

　　　H ——地下水埋深,m;

　　　E_0 ——水面蒸发量,mm。

　　公式的适用范围:沙壤土 $H \in (0.2, 3.15)$,黏土 $H \in (0.2, +\infty)$,试验区距地表 5 m 以内主要是沙壤土,且地下水埋深 0.5 m$<H<$4.0 m,当地下水埋深 $H>3.15$ m 时取 $E = 0$,故选择式(4-3)作为潜水蒸发系数计算公式。

　　根据试验区地下水埋深和水面蒸发资料,计算潜水蒸发系数和潜水蒸发量如表 4-5、表 4-6 所示。

表 4-5　2015 年作物生育期内潜水蒸发量计算

玉米					向日葵				
生育期	水位埋深/m	潜水蒸发系数 C	水面蒸发量/mm	潜水蒸发量/mm	生育期	水位埋深/m	潜水蒸发系数 C	水面蒸发量/mm	潜水蒸发量/mm
苗期	1.96	0.138 5	173.96	24.09	苗期	2.21	0.103 3	125.04	12.92
拔节期	2.36	0.084 1	104.43	8.78	现蕾期	2.81	0.033 0	132.77	4.38
抽穗期	2.83	0.030 9	167.36	5.17	花期	3.22	0	115.34	0
灌浆期	3.42	0	189.76	0	灌浆期	3.52	0	168.77	0
乳熟期	3.74	0	225.64	0	蜡熟期	3.74	0	196.62	0
全生育期			861.15	38.04	全生育期			738.54	17.30

表 4-6　2016 年作物生育期内潜水蒸发量计算

玉米					向日葵				
生育期	水位埋深/m	潜水蒸发系数 C	水面蒸发量/mm	潜水蒸发量/mm	生育期	水位埋深/m	潜水蒸发系数 C	水面蒸发量/mm	潜水蒸发量/mm
苗期	1.66	0.187 2	167.06	31.27	苗期	1.83	0.158 6	135.66	21.52
拔节期	1.99	0.134 1	125.36	16.81	现蕾期	2.03	0.128 2	114.38	14.66
抽穗期	2.53	0.063 7	104.84	6.68	花期	2.53	0.063 7	104.93	6.68
灌浆期	2.67	0.048 0	134.55	6.46	灌浆期	2.77	0.037 2	162.28	6.04
乳熟期	3.04	0.010 0	217	2.17	蜡熟期	3.10	0.004 2	200	0.84
全生育期			748.81	63.39	全生育期			717.25	49.74

根据 1979—1981 年沙壕渠的试验资料,地下水利用量 $K = \alpha E$,其中 E 为潜水蒸发量,mm,取玉米试验田的地下水补给系数为 0.30,取葵花试验田的地下水补给系数为 0.53,计算试验区 2015 年和 2016 年的地下水利用量如表 4-7、表 4-8 所示。

表 4-7　2015 年地下水利用量计算　　　　　单位:mm

玉米				向日葵			
生育期	E	α	K	生育期	E	α	K
苗期	24.09	0.3	7.23	苗期	12.92	0.53	6.85
拔节期	8.78	0.3	2.63	现蕾期	4.38	0.53	2.32
抽穗期	5.17	0.3	1.55	花期	0	0.53	0
灌浆期	0	0.3	0	灌浆期	0	0.53	0
乳熟期	0	0.3	0	蜡熟期	0	0.53	0
全生育期	38.05	0.3	11.41	全生育期	17.30	0.53	9.17

表 4-8　2016 年地下水利用量计算　　　　　单位:mm

玉米				向日葵			
生育期	E	α	K	生育期	E	α	K
苗期	31.27	0.3	9.38	苗期	21.52	0.53	11.40
拔节期	16.81	0.3	5.04	现蕾期	14.66	0.53	7.77
抽穗期	6.68	0.3	2.00	花期	6.68	0.53	3.54
灌浆期	6.46	0.3	1.94	灌浆期	6.04	0.53	3.20
乳熟期	2.17	0.3	0.65	蜡熟期	0.84	0.53	0.45
全生育期	63.39	0.3	19.01	全生育期	49.74	0.53	26.36

从表 4-7、表 4-8 可以看出,2015 年玉米生育期内的地下水补给量大于葵花生育期内的地下水补给量,这主要是由于玉米种植得早、收获得晚,生育期历时大于葵花,地下水补给时间更长,由此说明补给时间长度是 2015 年潜水蒸发量的主要影响因素;2016 年玉米生育期内的地下水补给量小于葵花的地下水补给量,这主要是由于玉米试验田的地下水补给系数小于葵花试验田的地下水补给系数,由此说明补给系数是 2015 年潜水蒸发量的主要影响因素。

4.2.2　典型作物生育期内有效降雨量

有效降雨量指总降雨量中能够保存在作物根系层中用于满足作物蒸发蒸腾需要的那部分水量,它不包括地表径流和渗漏至作物根系吸水层以下的水量。对于旱作物,有效降水量指保存在根系吸水层内以及降雨过程中通过蒸发蒸腾消耗掉的雨量。由降雨资料可知,2015 年向日葵生育期内有效降雨量为 119.10 mm,玉米生育期内有效降雨量为 168.00 mm;2016 年向日葵生育期内有效降雨量为 70.64 mm,玉米生育期内有效降雨量为 106.36 mm。由于该试验区年降水总量或某次降雨过程持续时间和强度并不大,降雨产生地表径流和深层渗漏的概率很小,一次较小的降雨过程,虽然降水量保存在根系吸水层内的有效水量不多,但更多的意义在于因降雨增加田间相对湿度,改变田间小气候,导致作物蒸发蒸腾量减少,从而缓解气象干旱对农作物生长的压力。降雨有效利用系数与降雨总量、降雨强度、降雨延续时间、土壤性质、作物生长、地面覆盖和计划湿润层深度等因素有关[98]。

根据引黄灌区灌溉水效率测试和史海滨等[101]的试验结果,采用统计分析和经验方法确定作物生育期内的有效降雨量 P_0:

$$\begin{cases} P > 50 \text{ mm}, P_0 = 0.75P \\ 30 \text{ mm} < P \leqslant 50 \text{ mm}, P_0 = 0.80P \\ 5 \text{ mm} < P \leqslant 30 \text{ mm}, P_0 = 0.90P \\ 1 \text{ mm} < P \leqslant 5 \text{ mm}, P_0 = 1.00P \\ P \leqslant 1 \text{ mm}, P_0 = 0 \end{cases} \quad (4\text{-}5)$$

式中　P——次降雨量,mm;

　　　P_0——次有效降雨量,mm。

运用上述方法对该试验区 2015 年和 2016 年降雨过程进行分析,计算出玉米和向日葵生育期内的有效降水量结果,见表 4-9。

表 4-9　作物生育期内有效降雨量计算　　　　单位:mm

2015 年						2016 年					
玉米			葵花			玉米			葵花		
日期(月-日)	P	P_0	日期(月-日)	P	P_0	日期(月-日)	P	P_0	日期(月-日)	P	P_0
06-02	5.56	5.00	06-16	4.03	4.03	06-03	3.70	3.70	06-13	4.60	4.60
06-03	2.74	2.74	06-18	2.44	2.44	06-04	24.00	21.6	06-28	4.00	4.00
06-04	15.46	13.9	06-20	7.60	6.84	06-05	10.80	9.72	06-30	0.20	0
06-10	15.46	13.9	06-29	2.60	2.60	06-07	0.90	0	07-08	4.30	4.30
06-11	5.56	5.00	07-11	1.84	1.84	06-13	4.60	4.60	07-09	0.70	0

续表4-9

	2015年						2016年					
	玉米			葵花			玉米			葵花		
日期(月-日)	P	P0	日期(月-日)	P	P0	日期(月-日)	P	P0	日期(月-日)	P	P0	
06-12	6.49	5.84	07-12	2.89	2.89	06-28	4.00	4.00	07-11	0.90	0	
06-14	2.48	2.48	07-15	11.55	10.40	06-30	0.20	0	07-12	0.50	0	
06-16	4.03	4.03	07-16	1.79	1.79	07-08	4.30	4.30	07-14	4.00	4.00	
06-18	2.44	2.44	09-04	16.89	15.20	07-09	0.70	0.70	07-16	4.40	4.40	
06-20	7.60	6.84	09-08	19.51	17.56	07-11	0.90	0	07-25	3.10	3.10	
06-29	2.60	2.60	09-09	6.34	5.71	07-12	0.50	0	07-27	0.10	0	
07-11	1.84	1.84	09-29	44.66	35.73	07-14	4.00	4.00	08-11	0.20	0	
07-12	2.89	2.89	09-30	9.05	8.15	07-16	4.40	4.40	08-17	4.30	4.30	
07-15	11.55	10.4	10-01	3.94	3.94	07-25	3.10	3.10	08-18	5.60	5.04	
07-16	1.79	1.79				07-27	0.10	0	08-22	19.70	17.73	
09-04	16.89	15.2				08-11	0.20	0	08-23	5.20	4.68	
09-08	19.51	17.6				08-17	4.30	4.30	09-07	1.50	1.50	
09-09	6.34	5.71				08-18	5.60	5.04	09-08	0.30	0	
09-29	44.66	35.7				08-22	19.70	17.73	09-10	0.30	0	
09-30	9.05	8.15				08-23	5.20	4.68	09-11	13.10	11.79	
10-01	3.94	3.94				09-07	1.50	1.5	09-13	0.20	0	
						09-08	0.30	0	10-04	1.2	1.2	
						09-10	0.30	0				
						09-11	13.10	11.79				
						09-13	0.20	0				
						10-04	1.2	1.2				
合计	188.88	167.99		135.13	119.12		117.80	106.36		78.40	70.64	

从表4-9可以看出,2015年玉米生育期内有效降雨总量为167.99 mm,2016年玉米生育期内有效降雨总量为106.36 mm;2015年葵花生育期内有效降雨总量为119.12 mm,2016年葵花生育期内有效降雨总量为70.64 mm,2015年作物生育期内有效降雨量大于2016年作物生育期内有效降雨量。

4.2.3　典型作物生育期内土体储水变化量

有关研究表明,滴灌的湿润锋深度在 30~40 cm,取计划湿润层厚度为 40 cm 计算土壤储水量,在作物各生育期始末通过称重法测得土壤质量含水率,计算经过春汇灌溉后,作物不同微咸水膜下滴灌–引黄补灌处理不同生育阶段的土体储水变化量结果见表 4-10、表 4-11。

表 4-10　玉米不同处理生育期内土壤储水变化量计算　　　　单位:mm

年份	名称	苗期	拔节期	抽穗期	灌浆期	乳熟期	合计
2015 年	一井 20Y	6.66	4.94	12.45	−8.32	6.75	22.48
	一井 30Y	11.96	18.44	14.83	−14.56	19.10	49.77
	一井 40Y	13.80	7.64	33.80	27.36	19.37	101.97
2016 年	一井 20Y	31.00	2.46	23.00	26.52	10.41	93.39
	一井 30Y	26.00	−4.69	24.23	27.10	13.73	86.37
	一井 40Y	26.00	12.96	26.18	23.06	20.72	108.92
	两井 20Y	2.28	−12.30	−3.37	26.45	12.01	25.07
	两井 30Y	6.86	27.92	11.03	7.96	8.51	62.28
	两井 40Y	6.42	25.12	13.02	24.75	6.60	75.91

表 4-11　葵花不同处理生育期内土壤储水变化量计算　　　　单位:mm

年份	名称	苗期	现蕾期	花期	灌浆期	蜡熟期	合计
2015 年	一井 20K	8.25	13.41	−1.14	10.01	18.62	49.15
	一井 30K	−0.46	33.91	−4.76	18.35	13.30	60.34
	一井 40K	10.80	27.55	13.68	5.90	10.02	67.95
2016 年	一井 20K	27.82	25.66	−7.57	5.31	12.67	63.89
	一井 30K	26.23	20.41	18.00	4.31	18.45	87.40
	一井 40K	20.62	12.37	22.84	27.39	10.77	93.99
	两井 20K	6.25	4.42	19.37	−0.62	12.57	41.99
	两井 30K	20.83	13.74	2.53	23.49	6.67	67.26
	两井 40K	13.84	31.12	−9.70	13.30	10.88	59.44

由表4-10、表4-11可知,在作物整个生育期内土壤储水量均增加,同种作物相同春汇制度下,土壤储水变化量随着灌水下限的降低而增大,相同灌水下限下,一年春汇处理的土壤储水变化量大于两年春汇处理的。

4.2.4 水量平衡法计算不同灌溉制度下典型作物需水量

根据试验现场观测和统计分析,在作物生育期内未出现显著的深层渗漏和地表径流,因此取 $C = 0$、$D = 0$。根据式(4-1)计算玉米和葵花各处理生育期内耗水量,结果见表4-12~表4-15。

表 4-12 2015 年玉米生育期内耗水量计算　　单位:mm

名称	耗水量	苗期	拔节期	抽穗期	灌浆期	乳熟期	合计
一井 20Y	时间 (月-日)	05-24— 06-29	06-30— 07-24	07-25— 08-10	08-11— 09-04	09-05— 10-10	546.91
	灌水量	22.50	112.5	67.5	120.00	22.50	
	有效降水量	64.81	16.92	0	15.20	71.08	
	地下水补给量	7.23	2.64	1.55	0	0	
	土壤储水量	6.66	4.94	12.45	−8.32	6.75	
	作物耗水量	101.20	137.00	81.50	126.88	100.33	
一井 30Y	时间 (月-日)	05-24— 06-29	06-30— 07-24	07-25— 08-10	08-11— 09-04	09-05— 10-10	521.70
	灌水量	22.50	90.00	67.50	90	22.50	
	有效降水量	64.81	16.92	0	15.20	71.08	
	地下水补给量	7.23	2.64	1.55	0	0	
	土壤储水量	11.96	18.44	14.83	−14.56	19.10	
	作物耗水量	106.50	128.00	83.88	90.64	112.68	
一井 40Y	时间 (月-日)	05-24— 06-29	06-30— 07-24	07-25— 08-10	08-11— 09-04	09-05— 10-10	498.90
	灌水量	22.50	90.00	45.00	60.00	0	
	有效降水量	64.81	16.92	0	15.20	71.08	
	地下水补给量	7.23	2.64	1.55	0	0	
	土壤储水量	13.80	7.64	33.80	27.36	19.37	
	作物耗水量	108.34	117.20	80.35	102.56	90.45	

表 4-13　2016 年玉米生育期内耗水量计算　　　单位:mm

名称	耗水量	苗期	拔节期	抽穗期	灌浆期	乳熟期	合计
一井20Y	时间（月-日）	06-02—06-26	06-27—07-26	07-27—08-08	08-09—08-20	08-21—10-05	526.26
	灌水量	45	90	67.5	52.5	52.5	
	有效降水量	39.62	20.5	0	9.34	36.9	
	地下水补给量	9.38	5.04	2	1.94	0.65	
	土壤储水量	31	2.46	23	26.52	10.41	
	作物耗水量	125	118	92.5	90.3	100.46	
一井30Y	时间（月-日）	06-02—06-26	06-27—07-26	07-27—08-08	08-09—08-20	08-21—10-05	496.74
	灌水量	45	90	45	52.5	52.5	
	有效降水量	39.62	20.5	0	9.34	36.9	
	地下水补给量	9.38	5.04	2	1.94	0.65	
	土壤储水量	26	−4.69	24.23	27.1	13.73	
	作物耗水量	120	110.85	71.23	90.88	103.78	
一井40Y	时间（月-日）	06-02—06-26	06-27—07-26	07-27—08-08	08-09—08-20	08-21—10-05	474.29
	灌水量	45	67.5	22.5	52.5	52.5	
	有效降水量	39.62	20.5	0	9.34	36.9	
	地下水补给量	9.38	5.04	2	1.94	0.65	
	土壤储水量	26	12.96	26.18	23.06	20.72	
	作物耗水量	120	106	50.68	86.84	110.77	

续表 4-13　　　　　　　　　　　　单位:mm

名称	耗水量	苗期	拔节期	抽穗期	灌浆期	乳熟期	合计
两井 20Y	时间（月-日）	06-02—06-26	06-27—07-26	07-27—08-08	08-09—08-20	08-21—10-05	547.94
	灌水量	67.5	135	90	52.5	52.5	
	有效降水量	39.62	20.5	0	9.34	36.9	
	地下水补给量	9.38	5.04	2	1.94	0.65	
	土壤储水量	2.28	−12.3	−3.37	26.45	12.01	
	作物耗水量	118.78	148.24	88.63	90.23	102.06	
两井 30Y	时间（月-日）	06-02—06-26	06-27—07-26	07-27—08-08	08-09—08-20	08-21—10-05	517.65
	灌水量	45	90	67.5	75	52.5	
	有效降水量	39.62	20.5	0	9.34	36.9	
	地下水补给量	9.38	5.04	2	1.94	0.65	
	土壤储水量	6.86	27.92	11.03	7.96	8.51	
	作物耗水量	100.86	143.46	80.53	94.24	98.56	
两井 40Y	时间（月-日）	06-02—06-26	06-27—07-26	07-27—08-08	08-09—08-20	08-21—10-05	486.28
	灌水量	45	90	45	52.5	52.5	
	有效降水量	39.62	20.5	0	9.34	36.9	
	地下水补给量	9.38	5.04	2	1.94	0.65	
	土壤储水量	6.42	25.12	13.02	24.75	6.6	
	作物耗水量	100.42	140.66	60.02	88.53	96.65	

表 4-14　2015 年葵花生育期内耗水量计算　单位:mm

名称	耗水量	苗期	现蕾期	花期	灌浆期	蜡熟期	合计
一井 20K	时间(月-日)	06-15—07-13	07-14—08-03	08-04—08-20	08-21—09-11	09-12—10-04	424.93
	灌水量	45	67.5	82.5	52.5	0	
	有效降水量	20.64	12.19	0	38.47	47.81	
	地下水补给量	6.85	2.32	0	0	0	
	土壤储水量	8.25	13.41	−1.14	10.01	18.62	
	作物耗水量	80.74	95.42	81.36	100.98	66.43	
一井 30K	时间(月-日)	06-15—07-13	07-14—08-03	08-04—08-20	08-21—09-11	09-12—10-04	391.12
	灌水量	45	22.5	82.5	52.5	0	
	有效降水量	20.64	12.19	0	38.47	47.81	
	地下水补给量	6.85	2.32	0	0	0	
	土壤储水量	−0.46	33.91	−4.76	18.35	13.3	
	作物耗水量	72.03	70.92	77.74	109.32	61.11	
一井 40K	时间(月-日)	06-15—07-13	07-14—08-03	08-04—08-20	08-21—09-11	09-12—10-04	368.73
	灌水量	45	22.5	52.5	52.5	0	
	有效降水量	20.64	12.19	0	38.47	47.81	
	地下水补给量	6.85	2.32	0	0	0	
	土壤储水量	10.8	27.55	13.68	5.9	10.02	
	作物耗水量	83.29	64.56	66.18	96.87	57.83	

表4-15　2016年葵花生育期内耗水量计算　　　　　单位:mm

名称	耗水量	苗期	现蕾期	花期	灌浆期	蜡熟期	合计
一井20K	时间(月-日)	06-10—07-06	07-07—07-25	07-26—08-12	08-13—09-05	09-06—09-28	385.89
	灌水量	22.5	45	75	60	22.5	
	有效降水量	8.6	15.8	0	31.75	14.49	
	地下水补给量	11.4	7.77	3.54	3.2	0.45	
	土壤储水量	27.82	25.66	−7.57	5.31	12.67	
	作物耗水量	70.32	94.23	70.97	100.26	50.11	
一井30K	时间(月-日)	06-10—07-06	07-07—07-25	07-26—08-12	08-13—09-05	09-06—09-28	364.40
	灌水量	0	45	52.5	60	22.5	
	有效降水量	8.6	15.8	0	31.75	14.49	
	地下水补给量	11.4	7.77	3.54	3.2	0.45	
	土壤储水量	26.23	20.41	18	4.31	18.45	
	作物耗水量	46.23	88.98	74.04	99.26	55.89	
一井40K	时间(月-日)	06-10—07-06	07-07—07-25	07-26—08-12	08-13—09-05	09-06—09-28	340.99
	灌水量	0	45	52.5	30	22.5	
	有效降水量	8.6	15.8	0	31.75	14.49	
	地下水补给量	11.4	7.77	3.54	3.2	0.45	
	土壤储水量	20.62	12.37	22.84	27.39	10.77	
	作物耗水量	40.62	80.94	78.88	92.34	48.21	

续表 4-15　　　　　　　　　　　　　　　　　　单位:mm

名称	耗水量	苗期	现蕾期	花期	灌浆期	蜡熟期	合计
两井20K	时间(月-日)	06-10—07-06	07-07—07-25	07-26—08-12	08-13—09-05	09-06—09-28	453.99
	灌水量	67.5	67.5	67.5	90	22.5	
	有效降水量	8.6	15.8	0	31.75	14.49	
	地下水补给量	11.4	7.77	3.54	3.2	0.45	
	土壤储水量	6.25	4.42	19.37	-0.62	12.57	
	作物耗水量	93.75	95.49	90.41	124.33	50.01	
两井30K	时间(月-日)	06-10—07-06	07-07—07-25	07-26—08-12	08-13—09-05	09-06—09-28	411.76
	灌水量	45	45	75	60	22.5	
	有效降水量	8.6	15.8	0	31.75	14.49	
	地下水补给量	11.4	7.77	3.54	3.2	0.45	
	土壤储水量	20.83	13.74	2.53	23.49	6.67	
	作物耗水量	85.83	82.31	81.07	118.44	44.11	
两井40K	时间(月-日)	06-10—07-06	07-07—07-25	07-26—08-12	08-13—09-05	09-06—09-28	381.44
	灌水量	45	22.5	75	60	22.5	
	有效降水量	8.6	15.8	0	31.75	14.49	
	地下水补给量	11.4	7.77	3.54	3.2	0.45	
	土壤储水量	13.84	31.12	-9.7	13.3	10.88	
	作物耗水量	78.84	77.19	68.84	108.25	48.32	

从表 4-12～表 4-15 可以看出,相同处理不同水文年作物耗水量差异较大,平水年(2016 年)的作物耗水量小于丰水年(2015 年)的作物耗水量;作物相同灌水控制下限两年春汇处理相比一年春汇处理耗水量大;相同春汇处理下,灌溉定额随着灌水控制下限的降低而减小,作物耗水量减小。气候条件适宜作物生长时,相同条件下作物蒸腾作用较强,2015 年相比 2016 年气候条件更适宜作物生长,作物耗水量大;相同灌水下限两年春汇灌溉定额大,相同春汇处理控制下限越高灌溉定额越大,作物耗水量越大。

2015 年和 2016 年玉米和葵花生育期内耗水量见图 4-1～图 4-4。

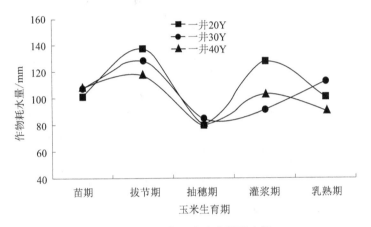

图 4-1　2015 年玉米生育期耗水量

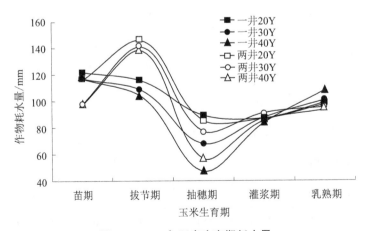

图 4-2　2016 年玉米生育期耗水量

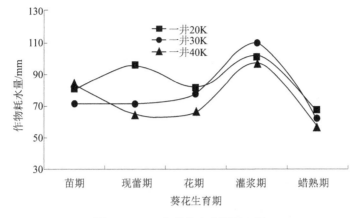

图 4-3   2015 年葵花生育期耗水量

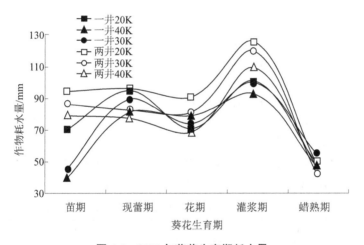

图 4-4   2016 年葵花生育期耗水量

从图 4-1~图 4-4 可以看出,2015 年和 2016 年玉米的耗水量均随着生育期的延长而波动,各处理的玉米耗水量均在抽穗期达到最低,各处理的葵花耗水量均在灌浆期达到最大;葵花在灌浆期–蜡熟期耗水量减少;同种作物相同春汇制度下灌水下限值越低,作物耗水量越少。

4.3 Penman-Monteith 法计算参考作物腾发量

彭曼–蒙特斯(Penman-Monteith)公式综合考虑了各种气象因素对 ET_0 的影响,是当前被推荐的唯一定义和计算 ET_0 的标准公式。经过几十年的理论研究与实践应用,不需要进行地区率定,也不需要改变任何参数,可适用于中国和世界各个地区,具有可靠的物理基础,已在世界上许多国家和地区广泛应用[102]。ET_0 计算见式(4-6):

$$ET_0 = \frac{0.408\Delta(R_n - G) + \gamma \dfrac{900}{T + 273}u_2(e_s - e_a)}{\Delta + \gamma(1 + 0.34u_2)} \tag{4-6}$$

式中　ET_0——参考作物蒸发蒸腾量,mm/d;

　　　R_n——作物冠层表面的净辐射,MJ/($m^2 \cdot d$);

　　　G——土壤热通量,MJ/($m^2 \cdot d$);

　　　T——2 m 高度处的日平均气温,℃;

　　　u_2——2 m 高度处的日平均风速,m/s;

　　　e_s——饱和水汽压,kPa;

　　　e_a——实际水汽压,kPa;

　　　$e_s - e_a$——饱和水汽压差,kPa;

　　　Δ——饱和水汽压与温度曲线的斜率,即水汽压曲线斜率,kPa /℃;

　　　γ——湿度计常数,kPa/ ℃。

以日为时间段,利用试验田内气象仪资料计算该试验区的参考作物腾发量 ET_0,计算结果按旬统计见表 4-16 和图 4-5、图 4-6。

表 4-16　Penman-Monteith 法计算参考作物蒸发蒸腾量计算　　单位:mm

2015 年				2016 年			
玉米		葵花		玉米		葵花	
生育期	参考作物蒸发蒸腾量/mm	生育期	参考作物蒸发蒸腾量/mm	生育期	参考作物蒸发蒸腾量/mm	生育期	参考作物蒸发蒸腾量/mm
苗期	241.4	苗期	184.72	苗期	218.40	苗期	152.60
拔节期	144.48	现蕾期	98.94	拔节期	152.42	现蕾期	89.68
抽穗期	76.16	花期	67.34	抽穗期	65.63	花期	90.39
灌浆期	91.72	灌浆期	64.06	灌浆期	51.69	灌浆期	86.88
乳熟期	79.28	蜡熟期	55.8	乳熟期	86.85	蜡熟期	62.62
全生育期	633.04	全生育期	470.86	全生育期	574.99	全生育期	482.17

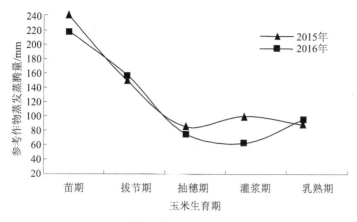

图 4-5 玉米生育期内参考作物 ET$_0$ 变化

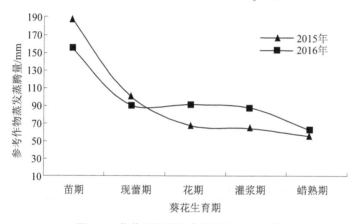

图 4-6 葵花生育期内参考作物 ET$_0$ 变化

由图 4-5、图 4-6 可知,参考作物腾发量随着作物生育期的延长,变化明显。在玉米生育期内,参考作物腾发量先减小,后增大,在玉米抽穗期以前和乳熟期 2015 年与 2016 年的参考作物腾发量差别不大,在灌浆期 2015 年参考作物腾发量大于 2016 年;在葵花生育期内,2015 年和 2016 年的参考作物腾发量随着葵花生育期的延长总体趋势均减小。

4.4 典型作物的作物系数

利用水量平衡法和 Penman-Monteith 法计算玉米和葵花的作物系数,具体计算方法见式(4-7)。

$$K_c = \frac{ET_c}{ET_0}　　　　　　(4-7)$$

式中　ET_c——典型作物腾发量, mm/d;

　　　　K_c——作物系数;

　　　　ET_0——参考作物蒸发蒸腾量, mm/d。

计算结果见表4-17、表4-18。

表4-17　玉米不同处理生育阶段作物系数计算

年份	名称	苗期	拔节期	抽穗期	灌浆期	乳熟期
	一井20Y	0.42	0.95	1.07	1.38	1.27
2015	一井30Y	0.44	0.89	1.10	0.99	1.42
	一井40Y	0.45	0.81	1.06	1.12	1.14
	一井20Y	0.57	0.77	1.41	1.75	0.73
	一井30Y	0.55	0.73	1.09	1.76	0.76
	一井40Y	0.55	0.70	0.77	1.68	0.81
2016	两井20Y	0.54	0.97	1.35	1.75	0.75
	两井30Y	0.46	0.94	1.23	1.82	0.72
	两井40Y	0.46	0.92	0.91	1.71	0.71

表4-18　葵花不同处理生育阶段作物系数计算

年份	名称	苗期	现蕾期	花期	灌浆期	蜡熟期
	一井20K	0.44	0.96	1.21	1.58	1.19
2015	一井30K	0.39	0.72	1.15	1.71	1.10
	一井40K	0.45	0.65	0.98	1.51	1.04
	一井20K	0.46	1.05	0.79	1.15	0.80
	一井30K	0.30	0.99	0.82	1.14	0.89
	一井40K	0.27	0.90	0.87	1.06	0.77
2016	两井20K	0.61	1.06	1.00	1.43	0.80
	两井30K	0.56	0.92	0.90	1.36	0.70
	两井40K	0.52	0.86	0.76	1.25	0.77

4.5　小　结

相同春汇处理下灌溉定额随着灌水下限的降低而减少,相同灌水下限处理下,两年春汇处理灌溉定额较一年春汇处理小,更节约淡水。

地下水埋深越浅,地下水补给时间越长,补给量越大;作物生育期内的降雨量绝大多数为有效降雨量,相同年份玉米生育期内有效降雨量不小于葵花生育期内有效降雨量;在作物整个生育期内土壤储水量均增加,同种作物相同春汇制度下,土壤储水变化量随着灌水下限的降低而增大,相同灌水下限下,一年春汇处理的土壤储水变化量大于两年春汇处理的。

作物生育期内耗水量与降雨和灌水相关,气候条件适宜作物生长时,在相同条件下作物蒸腾作用较强,作物耗水量大;相同春汇处理灌水控制下限越高,作物耗水量越大,相同灌水下限两年春汇处理较一年春汇处理作物耗水量大。

后续试验综合确定玉米和葵花两年春汇–30 kPa 灌水下限处理对应灌溉制度最佳,对应玉米生育期内需水量为 517.65 mm,葵花生育期内需水量为411.76 mm,玉米和葵花不同生育阶段作物耗水量及作物系数分别见表 4-19、表 4-20。

表 4-19　玉米不同生育阶段耗水量及作物系数

项目	苗期	拔节期	抽穗期	灌浆期	乳熟期
耗水量/mm	100.86	143.46	80.53	94.24	98.56
作物系数	0.46	0.94	1.23	1.82	0.72

表 4-20　葵花不同生育阶段耗水量及作物系数

项目	苗期	现蕾期	花期	灌浆期	蜡熟期
耗水量/mm	85.83	82.31	81.07	118.44	44.11
作物系数	0.56	0.92	0.90	1.36	0.70

第 5 章　不同微咸水膜下滴灌–引黄补灌制度对土壤水盐运移的影响

5.1　典型作物不同灌溉制度下的土壤水分变化

5.1.1　玉米不同灌溉制度下的土壤水分变化

2015 年和 2016 年玉米微咸水膜下滴灌试验 0~20 cm、20~40 cm、40~60 cm 土层膜内、膜外土壤含水率变化如图 5-1~图 5-12 所示。

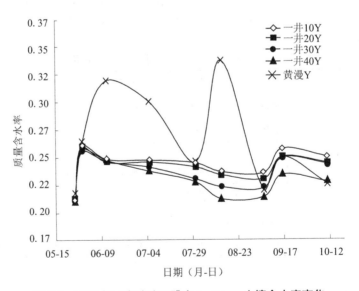

图 5-1　2015 年玉米试验田膜内 0~20 cm 土壤含水率变化

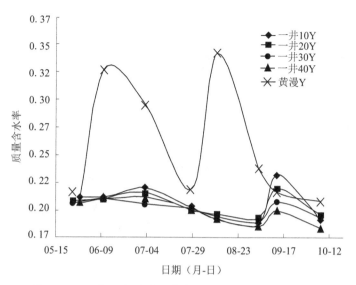

图 5-2　2015 年玉米试验田膜外 0~20 cm 土壤含水率变化

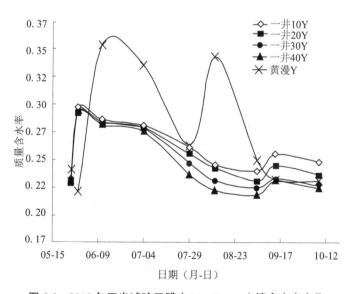

图 5-3　2015 年玉米试验田膜内 20~40 cm 土壤含水率变化

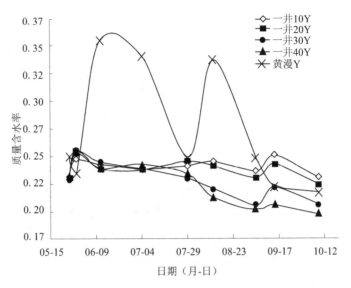

图 5-4　2015 年玉米试验田膜外 20~40 cm 土壤含水率变化

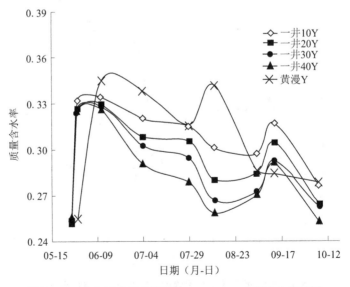

图 5-5　2015 年玉米试验田膜内 40~60 cm 土壤含水率变化

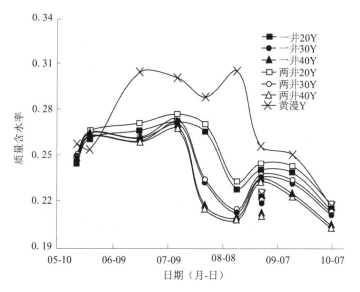

图 5-6　2015 年玉米试验田膜外 40~60 cm 土壤含水率变化

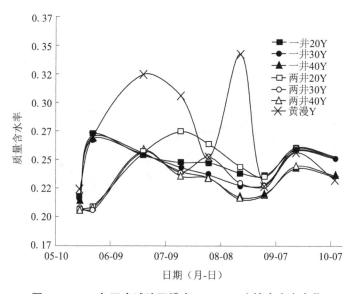

图 5-7　2016 年玉米试验田膜内 0~20 cm 土壤含水率变化

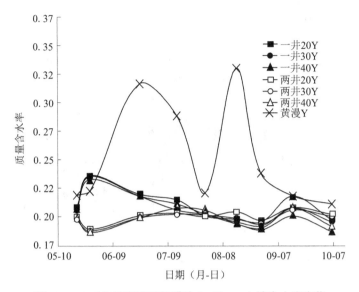

图 5-8　2016 年玉米试验田膜外 0~20 cm 土壤含水率变化

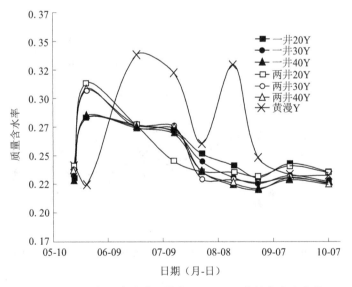

图 5-9　2016 年玉米试验田膜内 20~40 cm 土壤含水率变化

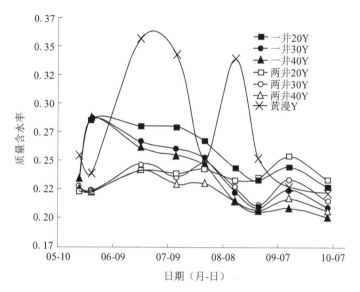

图 5-10　2016 年玉米试验田膜外 20~40 cm 土壤含水率变化

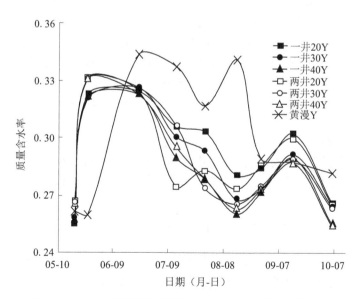

图 5-11　2016 年玉米试验田膜内 40~60 cm 土壤含水率变化

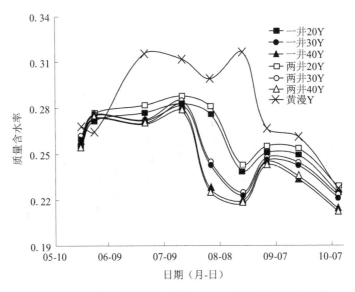

图 5-12　2016 年玉米试验田膜外 40~60 cm 土壤含水率变化

　　2015 年、2016 年一年春汇各处理及传统黄河水漫灌处理在膜内、膜外各土层的土壤含水率具有相同的变化规律;一年春汇各处理和两年春汇各处理在膜内、膜外表层 40 cm 土壤含水率存在着明显差别,主要体现在播种期间,两年春汇各处理膜内、膜外表层 20 cm 土壤含水率下降且明显小于一年春汇处理对应含水率;一年春汇处理灌水下限越高,膜内、膜外相同深度的土壤含水率越大;相同土层深度内,膜内土壤含水率大于膜外,随着土层深度的增加,土壤含水率逐渐增大,土壤含水率变化幅度逐渐减小;传统黄河水地面灌溉处理在播种前各土层土壤含水率与一年春汇各处理一致,但在两次引黄灌溉后,膜内、膜外土壤含水率迅速增长且大小均接近田间持水量,在玉米生育期结束后,与各微咸水膜下滴灌试验处理相应土层的土壤含水率保持一致。

5.1.2　葵花不同灌溉制度下的土壤水分变化

　　2015 年、2016 年葵花微咸水膜下滴灌试验 0~20 cm、20~40 cm、40~60 cm 土层膜内、膜外土壤含水率变化见图 5-13~图 5-24。

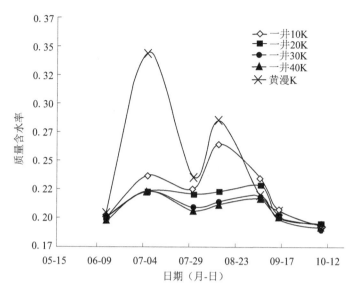

图 5-13　2015 年葵花试验田膜内 0~20 cm 土壤含水率变化

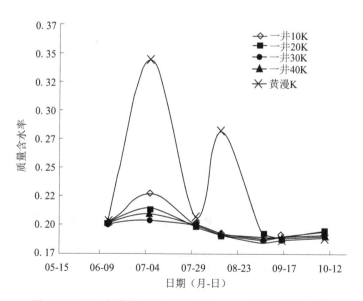

图 5-14　2015 年葵花试验田膜外 0~20 cm 土壤含水率变化

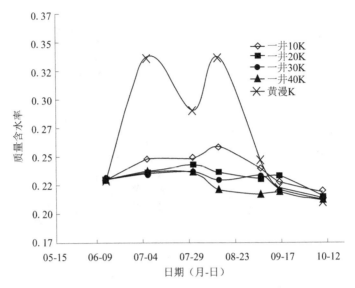

图 5-15　2015 年葵花试验田膜内 20~40 cm 土壤含水率变化

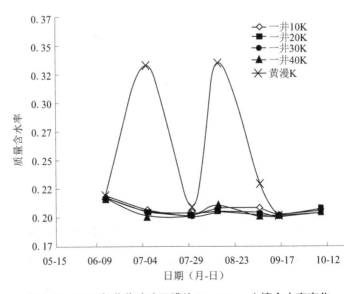

图 5-16　2015 年葵花试验田膜外 20~40 cm 土壤含水率变化

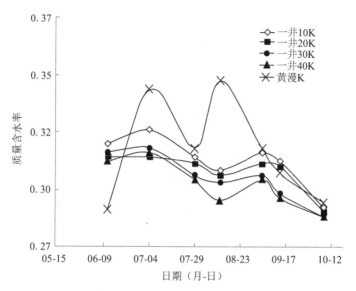

图 5-17　2015 年葵花试验田膜内 40~60 cm 土壤含水率变化

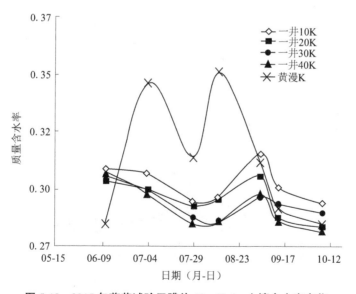

图 5-18　2015 年葵花试验田膜外 40~60 cm 土壤含水率变化

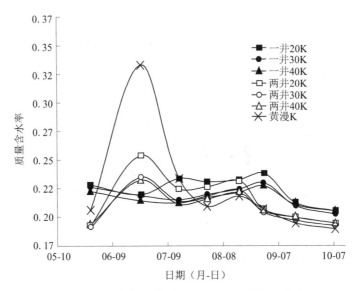

图 5-19　2016 年葵花试验田膜内 0~20 cm 土壤含水率变化

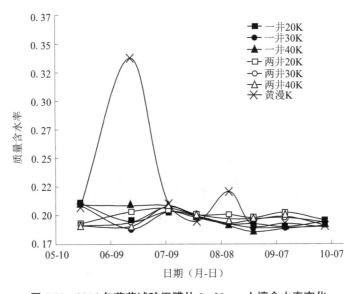

图 5-20　2016 年葵花试验田膜外 0~20 cm 土壤含水率变化

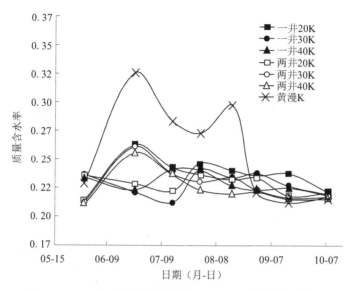

图 5-21 2016 年葵花试验田膜内 20~40 cm 土壤含水率变化

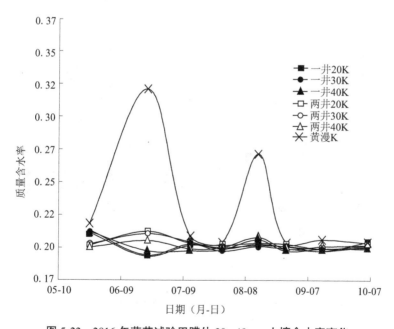

图 5-22 2016 年葵花试验田膜外 20~40 cm 土壤含水率变化

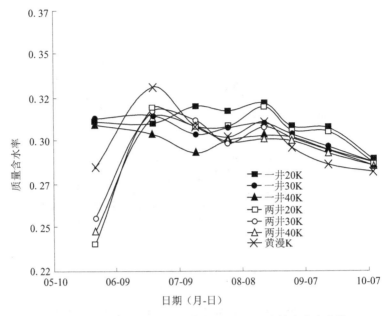

图 5-23　2016 年葵花试验田膜内 40~60 cm 土壤含水率变化

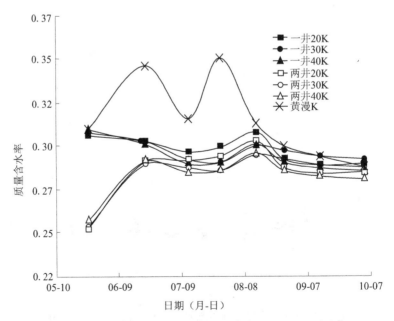

图 5-24　2016 年葵花试验田膜外 40~60 cm 土壤含水率变化

从图 5-13 ～图 5-24 中可以看出,一年春汇各处理之间、两年春汇各处理之间相同位置相同土层深度土壤含水率变化趋势一致;在地表以下 0 ～ 60 cm 内,两年春汇各处理与一年春汇各处理自播种至拔节期相应土壤含水率变化趋势相反;一年春汇各处理灌水控制下限越高,膜内相同深度的土壤含水率越大;一年春汇和两年春汇各处理相同土层深度内,膜内土壤含水率大于膜外;随着土层深度的增加,土壤含水率逐渐增大,土壤含水率变化幅度逐渐减小;在两次引黄灌溉后,传统黄河水漫灌处理膜内、膜外土壤含水率迅速增长且大小均接近田间持水量,在葵花生育期结束后,与各微咸水滴灌试验处理相应位置相应土层土壤含水率保持一致。

5.2　典型作物不同灌溉制度下的土壤盐分变化

5.2.1　玉米不同灌溉制度下的土壤盐分变化

2015 年、2016 年玉米微咸水膜下滴灌试验 0 ～ 40 cm、40 ～ 100 cm 土层膜内、膜外土壤含盐量变化如图 5-25 ～图 5-32 所示。

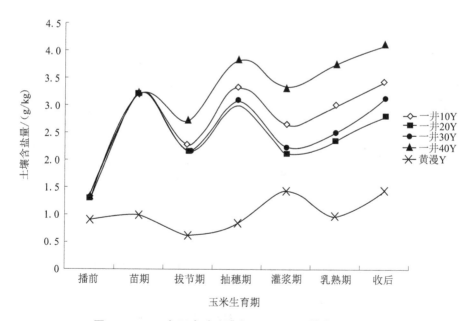

图 5-25　2015 年玉米试验膜内 0~40 cm 土壤含盐量变化

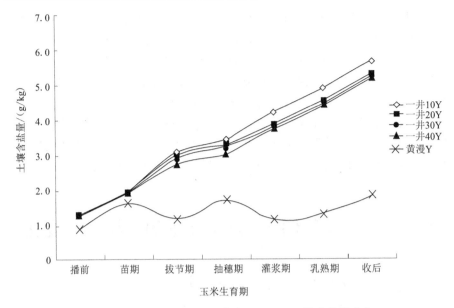

图 5-26　2015 年玉米试验膜外 0~40 cm 土壤含盐量变化

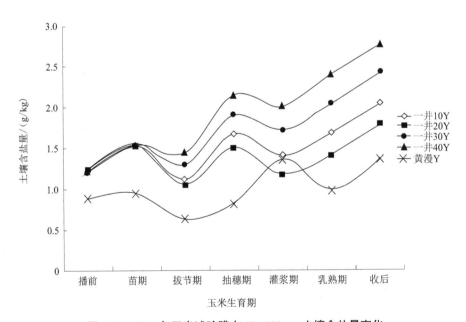

图 5-27　2015 年玉米试验膜内 40~100 cm 土壤含盐量变化

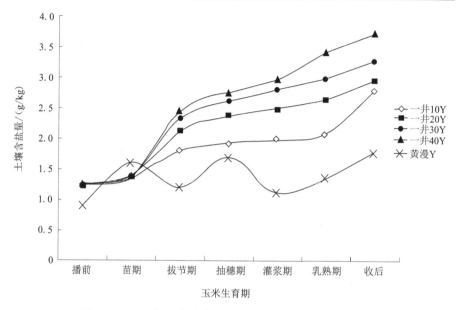

图 5-28　2015 年玉米试验膜外 40~100 cm 土壤含盐量变化

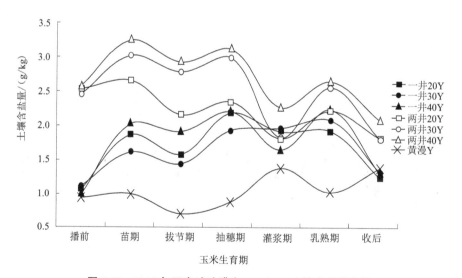

图 5-29　2016 年玉米试验膜内 0~40 cm 土壤含盐量变化

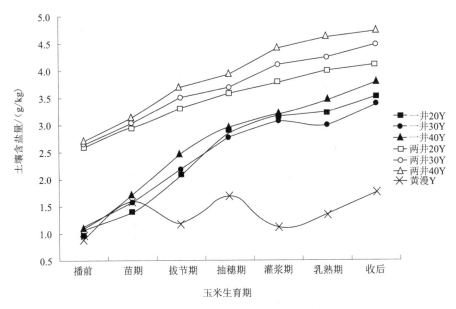

图 5-30   2016 年玉米试验膜外 0~40 cm 土壤含盐量变化

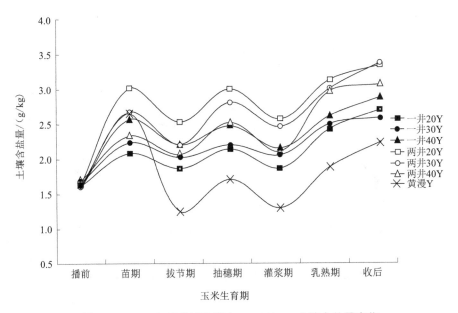

图 5-31   2016 年玉米试验膜内 40~100 cm 土壤含盐量变化

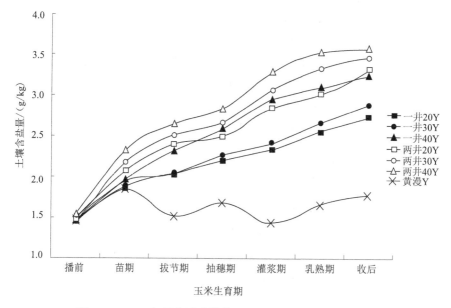

图 5-32　2016 年玉米试验膜外 40～100 cm 土壤含盐量变化

各处理膜内 0～40 cm 与膜内 40～100 cm 土层土壤盐分均随着玉米生育期的延长而波动,具有相似的变化趋势,各处理自播种至苗期、拔节期至抽穗期、灌浆期至乳熟期土壤含盐量均增加,但苗期至拔节期、抽穗期至灌浆期土壤含盐量均减少,相同时段各处理土壤含盐量均大于传统黄河水漫灌对照处理。2016 年两年春汇各处理灌水下限越高,同时段膜内 0～40 cm 土壤含盐量越小,同时段膜内 40～100 cm 土壤含盐量越大。2015 年一年春汇各处理同时段膜内 0～40 cm 土壤含盐量关系为:-20 kPa 处理<-30 kPa 处理<-10 kPa 处理<-40 kPa 处理;膜内 40～100 cm 土壤含盐量关系为:-20 kPa 处理<-10 kPa 处理<-30 kPa 处理<-40 kPa 处理。2016 年一年春汇各处理同时段膜内 0～40 cm 土壤含盐量关系为:-30 kPa 处理<-20 kPa 处理<-40 kPa 处理;膜内 40～100 cm 土壤含盐量关系为:-40 kPa 处理<-30 kPa 处理<-20 kPa 处理。2016 年相同灌水下限一年春汇处理膜内 0～40 cm 土壤含盐量变化幅度小于两年春汇处理,膜内 40～100 cm 各试验处理土壤含盐量变化幅度相差不大;相同处理相同时段膜内 0～40 cm 土壤含盐量小于膜内 40～100 cm 土壤含盐量;传统黄河水漫灌对照处理在苗期至拔节期和灌浆期至乳熟期膜内 0～40 cm 和 40～100 cm 土壤含盐量减少,其他各时段土壤含盐量均增加。

除传统黄河水漫灌对照处理外,各试验处理膜外 0～40 cm 和 40～100 cm 土壤含盐量随着玉米生育期的延长而持续增加,相同时段各处理膜外土壤含盐量均大于黄河水漫灌对照处理;相同春汇制度下各处理灌水下限越高,同时段膜外 0～40 cm 土壤含盐量越大;相同处理相同时段膜外 0～40 cm 土壤含盐量大于膜外 40～100 cm 土壤含盐量;黄河水漫灌处理在苗期至拔节期和灌浆期至乳熟期膜外 0～40 cm 和 40～100 cm 土壤含盐量均减少,其他各时段膜内土壤含盐量均增加。

各处理相同时段膜内土壤含盐量小于膜外相应土壤含盐量;两年春汇各处理膜内 0～40 cm 土壤含盐量总体趋势在减小,两年春汇各处理膜内 40～100 cm 土层、膜外 0～40 cm 和 40～100 cm 土层土壤含盐量总体趋势在增加,一年春汇各处理和传统黄河水漫灌对照处理膜内、膜外 0～100 cm 土壤含盐量总体趋势增加。

5.2.2　葵花不同灌溉制度下的土壤盐分变化

2015 年、2016 年葵花微咸水膜下滴灌试验 0～40 cm、40～100 cm 土层膜内、膜外土壤含盐量变化如图 5-33～图 5-40 所示。

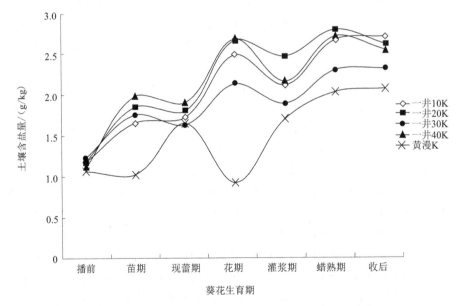

图 5-33　2015 年葵花试验膜内 0～40 cm 土壤含盐量变化

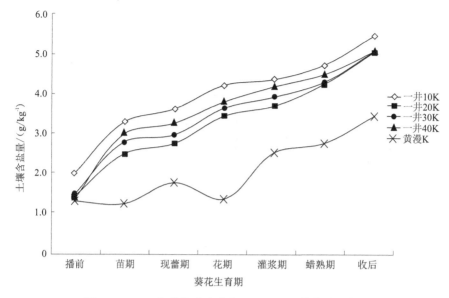

图 5-34　2015 年葵花试验膜外 0~40 cm 土壤含盐量变化

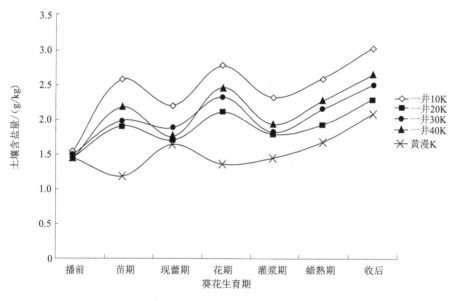

图 5-35　2015 年葵花试验膜内 40~100 cm 土壤含盐量变化

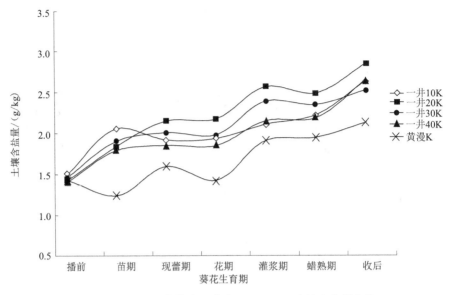

图 5-36 2015 年葵花试验膜外 40~100 cm 土壤含盐量变化

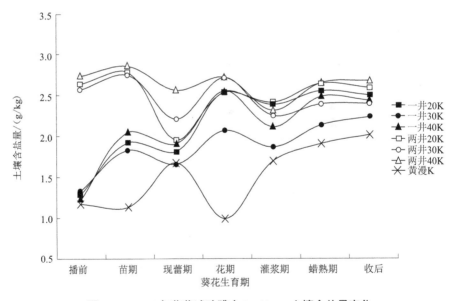

图 5-37 2016 年葵花试验膜内 0~40 cm 土壤含盐量变化

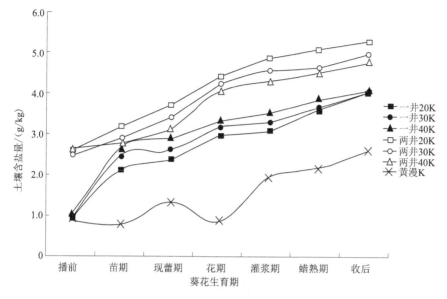

图 5-38　2016 年葵花试验膜外 0~40 cm 土壤含盐量变化图

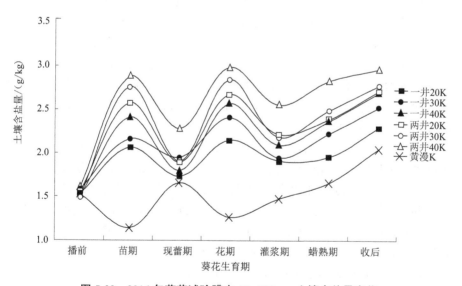

图 5-39　2016 年葵花试验膜内 40~100 cm 土壤含盐量变化

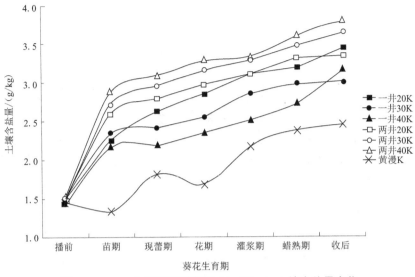

图 5-40　2016 年葵花试验膜外 40~100 cm 土壤含盐量变化

各处理膜内 0~40 cm 与膜内 40~100 cm 土壤含盐量均随着葵花生育期的延长而波动,具有相似的变化趋势,一年春汇和两年春汇各处理从播种至苗期、现蕾期至花期、灌浆期至收后土壤含盐量均增加,但苗期至现蕾期、花期至灌浆期土壤含盐量均减少,相同时段各处理土壤含盐量均大于传统黄河水漫灌对照处理;相同春汇制度下各处理灌水下限越高,同时段膜内 0~40 cm 土壤含盐量越小,膜内 40~100 cm 土壤含盐量越大;传统黄河水漫灌对照处理在苗期和现蕾期至花期膜内 0~40 cm 和 40~100 cm 土壤含盐量减少,其他各时段土壤含盐量均增加。

除传统黄河水漫灌对照处理外,各试验处理膜外 0~40 cm 和 40~100 cm 土壤含盐量均随着葵花生育期的延长而持续增加,相同时段各处理膜外土壤含盐量均大于传统黄河水漫灌对照处理;相同春汇制度下各处理灌水下限越高,同时段膜外 0~40 cm 土壤含盐量越大,膜外 40~100 cm 土壤含盐量越小;相同处理同时段膜外 0~40 cm 土壤含盐量大于膜外 40~100 cm 土壤含盐量;传统黄河水漫灌对照处理在苗期和花期膜外 0~40 cm 和 40~100 cm 土壤含盐量均减少,其他各时段膜内土壤含盐量均增加。

各处理相同时段膜内土壤含盐量小于膜外相应土层土壤含盐量;一年春汇各处理和传统黄河水漫灌对照处理膜内、膜外 0~100 cm 土壤含盐量总体趋势在增大,两年春汇各处理膜内 40~100 cm、膜外 0~40 cm 和 40~100 cm 土壤含盐量总体趋势在增加,两年春汇各处理膜内 0~40 cm 土壤含盐量总体趋势在减少。

5.3　单次灌溉前后土壤水分运移规律

土壤水分主要受蒸发、根系吸水、地下水补给、降水入渗、灌溉入渗、地下水排泄等因素的影响。田间试验发现,玉米或葵花各试验处理的土壤水分分布情况基本相同。以玉米"一井 30Y"试验处理为例,2015 年和 2016 年各试验阶段垂直于滴灌带的土壤剖面水分分布情况见图 5-41 和图 5-42。2015 年和 2016 年,土壤水分沿垂直于滴灌带垂直剖面的空间分布和变化趋势相似。在春灌之前,表层 40 cm存在一个相对均匀的水分区域,土壤水分平均值为 18%,在 60~100 cm 深度处土壤含水率略有增加,达到 24%[见图 5-41(a)和图 5-42(a)]。

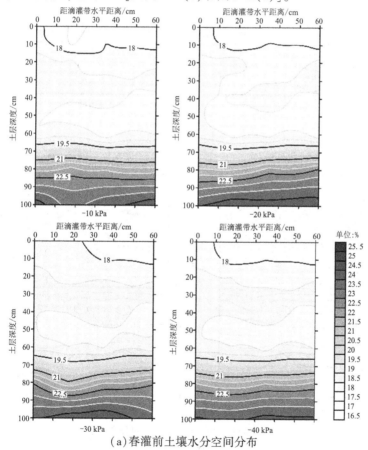

(a)春灌前土壤水分空间分布

图 5-41　2015 年玉米微咸水膜下滴灌试验处理在春灌前、播种前、拔节期灌溉前、拔节阶段灌溉后和收获后的土壤水分空间分布

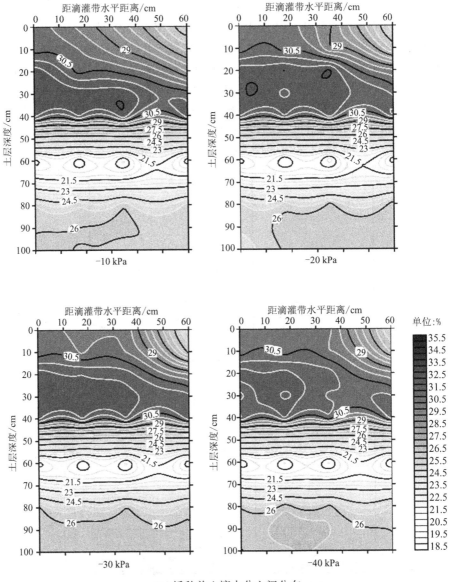

（b）播种前土壤水分空间分布

续图 5-41

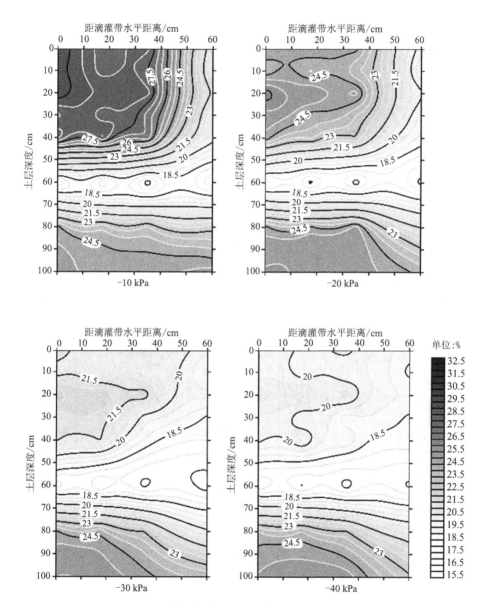

（c）拔节期灌溉前土壤水分空间分布

续图 5-41

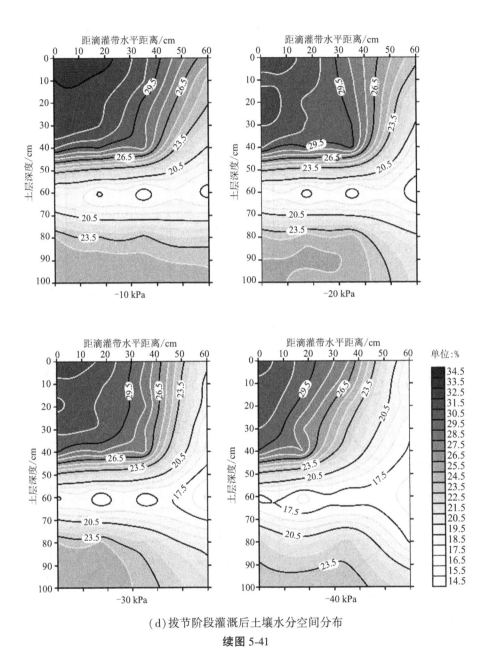

（d）拔节阶段灌溉后土壤水分空间分布

续图 5-41

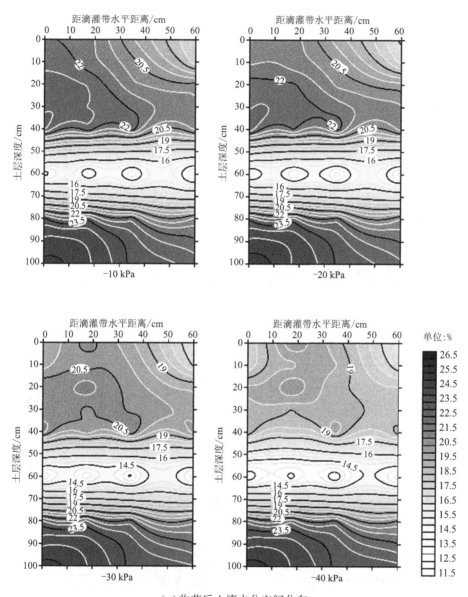

（e）收获后土壤水分空间分布

续图 5-41

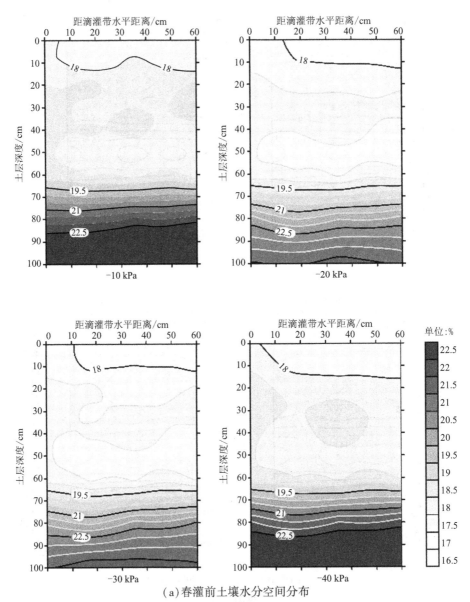

（a）春灌前土壤水分空间分布

图 5-42　2016 年玉米微咸水膜下滴灌试验处理在春灌前、播种前、
拔节期灌溉前、拔节阶段灌溉后和收获后的土壤水分空间分布

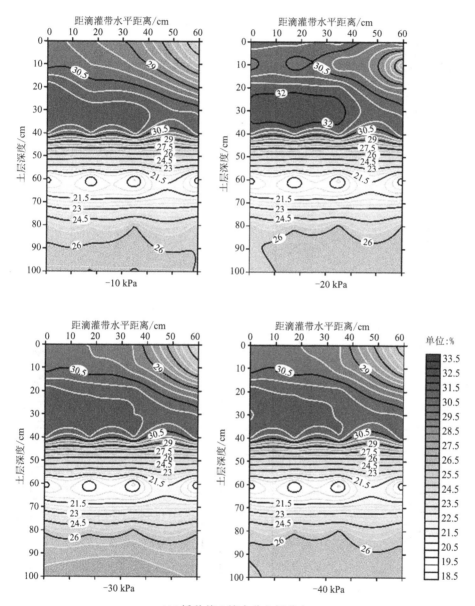

(b)播种前土壤水分空间分布

续图 5-42

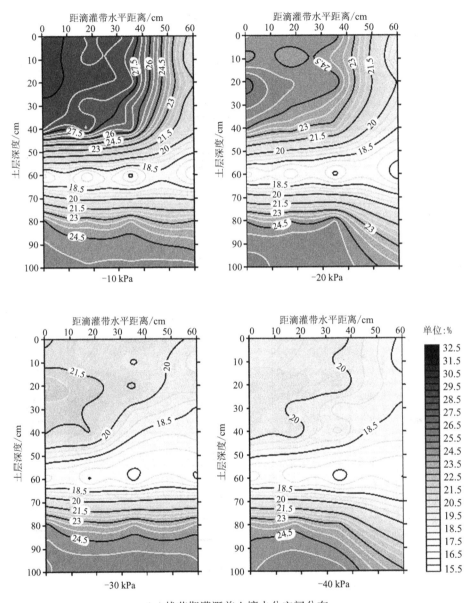

（c）拔节期灌溉前土壤水分空间分布

续图 5-42

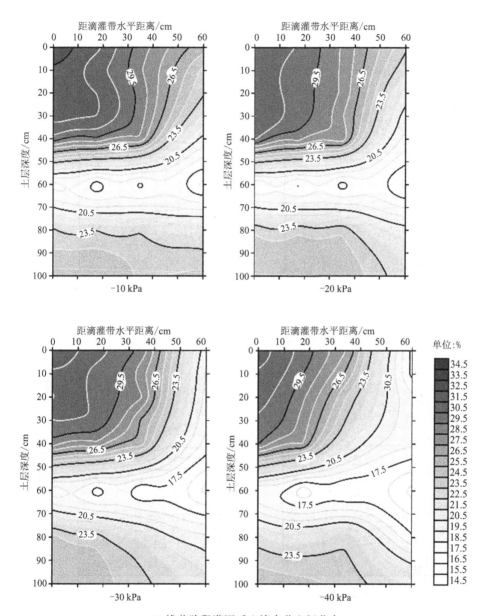

（d）拔节阶段灌溉后土壤水分空间分布

续图 5-42

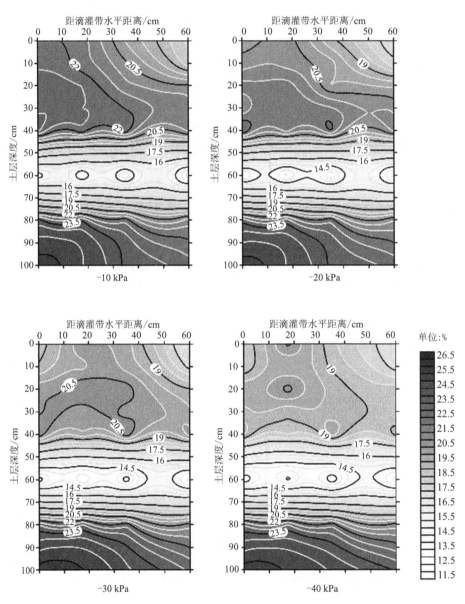

(e) 收获后土壤水分空间分布

续图 5-42

播种前,0~100 cm 土壤湿度相对春灌前显著增加,在滴灌带水平距离 0~30 cm 处、垂直深度 20~40 cm 处的平均土壤含水率约为田间持水率的 96%,而在 80~100 cm 深度处的土壤含水率约为田间持水率的 98.5%。具体而言,在距滴灌带 40~60 cm、垂直深度 0~20 cm 内,土壤水分等值线呈 1/4 椭圆形,土壤含水率随着垂直滴灌带水平距离的增加和竖直距离的减少而减小。

拔节期灌溉前后,各试验处理的土壤水分分布相似,-10 kPa、-20 kPa、-30 kPa 和 -40 kPa 处理在距滴灌带 0~40 cm、垂直深度 0~40 cm 土层的平均土壤含水率灌溉前分别为 92.4%、78.8%、67.4% 和 62.3%,灌溉后分别为 97.2%、91.46%、91.42% 和 88.4%。此外,在距离滴灌带 40~60 cm 深度处,各试验处理的土壤含水率均达到最小值,且土壤含水率满足 -10 kPa>-20 kPa>-30 kPa>-40 kPa;各试验处理距离滴灌带 80~100 cm 深度处的土壤含水率保持不变。地表以下 40~60 cm 的土壤含水率小于 0~40 cm 土层和 60~100 cm 土层的土壤含水率,这可能是由于 40~60 cm 土层的土壤质地为壤土,其田间持水率低于 0~40 cm 和 60~100 cm 土层。

收获后,各试验处理 40~100 cm 土层的土壤含水率大致相同,且 40~60 cm、60~80 cm、80~100 cm 土层的土壤含水率分别为 15%、20% 和 24.5%;在 0~30 cm 土层中,滴灌带位置处 40~60 cm 土壤含水率分布相似,且土壤含水率满足 -10 kPa>-20 kPa>-30 kPa>-40 kPa。

土壤湿润体水平半径随着滴头下方 20 cm 处土壤水分控制下限的升高而增加;当土壤水分控制下限介于 -10 kPa 至 -40 kPa 时,土壤湿润体竖直半径为 40 cm。此外,由于塑料薄膜具有明显减少表土蒸发和保持土壤湿润环境的作用,深层土壤水分在毛管上升力的作用下向表层土壤运移能力减弱,相同土层深度处膜内土壤含水率高于膜外土壤含水率。此外,灌溉水的水平入渗和垂直入渗提高了土壤含水率,因此在相同深度土层中,滴灌带位置处 0~40 cm 土层的土壤含水率高于对应位置 40~60 cm 深度处的土壤含水率。受地下水补给的影响,地表以下 60~100 cm 的土壤含水率保持稳定。

5.4　单次灌溉前后土壤盐分运移规律

土壤盐分随土壤水分水平运移和垂直运移,主要受降雨、灌溉、蒸发、根系吸水、地下水回灌和农田排水的影响。2015 年和 2016 年,各试验阶段垂直于滴灌带的土壤剖面盐分分布和变化趋势相似,见图 5-43、图 5-44。

春灌前,表层 60 cm 土壤存在明显的土壤盐分梯度,具体而言,随着土层深度从 0 增加到 50~60 cm,土壤盐分从 3.2 g/kg 逐渐降低到 1.6 g/kg,在 60~100 cm 土层略微增加到 1.8 g/kg,这可能是由土壤空间异质性所引起的[见图 5-43(a) 和图 5-44(a)]。

播种前,表层 80 cm 土壤盐分相对春灌前明显下降。受春灌淋滤的影响,根层土壤含盐量低于 1.4 g/kg,低于玉米耐受阈值(5.39 g/kg)[103]。同时,地表以下 70~100 cm 土层存在明显的盐分梯度,土壤盐分从 1.6 g/kg 增加到 3 g/kg,随着灌溉水的入渗,大量表层土壤盐分向下移动到更深土层。

玉米拔节期灌溉前,各试验处理的土壤盐分分布相似,在距离滴灌带水平距离 0~40 cm 和竖直距离 0~40 cm 内,各试验处理的土壤含盐量满足-10 kPa<-20 kPa<-30 kPa<-40 kPa,40~100 cm 土壤含盐量满足-10 kPa>-20 kPa>-30 kPa>-40 kPa。同时,在表层 40 cm 土层,距离滴灌带水平距离约 20 cm 处存在一个盐分低值区,玉米主根系正好分布在该区域;在表层 40 cm 土层,距离滴灌带水平距离 40~60 cm 处呈现盐分高值区。

拔节期灌溉后,距离滴灌带水平距离 0~40 cm 处的土壤盐分含量降至 1.1 g/kg,而距离滴灌带水平距离 40~60 cm 处、0~40 cm 土层的土壤含盐量增加。同时,微咸水灌溉后,40~100 cm 土层的土壤含盐量增加,以滴灌带为中心,表层 60 cm 土壤盐分在垂直于滴灌带的竖直剖面上为 1/4 椭圆,且垂直半径大于水平半径。

收获后,各试验处理在 40~100 cm 土层的土壤盐分分布相似,0~100 cm 土层存在明显的土壤盐分梯度。同时土壤含盐量随着土层深度的增加而降低,距滴灌带相同距离和相同深度处的土壤含盐量满足-10 kPa>-20 kPa>-30 kPa>-40 kPa。

总体而言,在滴灌点源入渗影响下,土壤湿润体形状类似于垂直滴灌带的竖直剖面中的 1/4 椭圆,膜内表层土壤盐分向膜内深层土壤和膜外(距离滴灌带水平距离 40~60 cm)迁移,同时玉米根系吸收部分盐分离子,根区因此呈现出盐分低值区。此外,表层土壤蒸发导致深层土壤盐分向地表聚集,膜外表层土壤呈现盐分高值区。

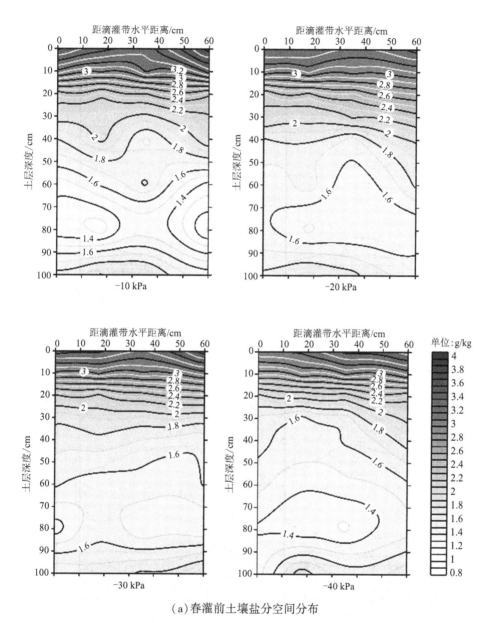

（a）春灌前土壤盐分空间分布

图 5-43 2015 年玉米微咸水膜下滴灌试验处理在春灌前、播种前、
拔节期灌溉前、拔节阶段灌溉后和收获后的土壤盐分空间分布

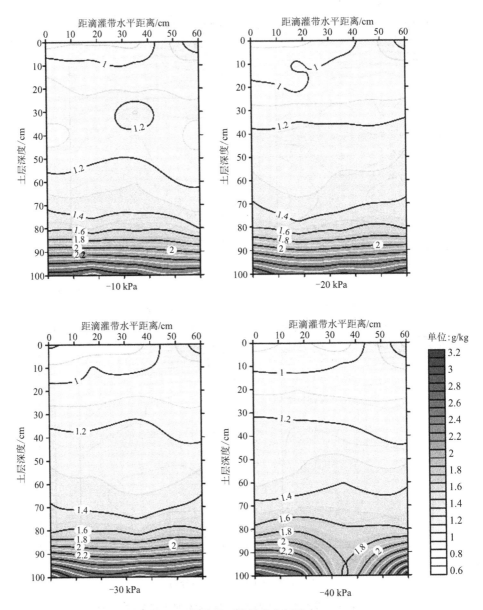

(b)播种前土壤盐分空间分布

续图 5-43

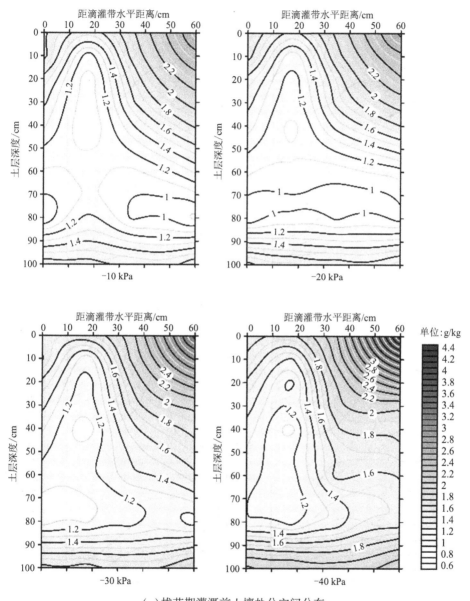

(c)拔节期灌溉前土壤盐分空间分布

续图 5-43

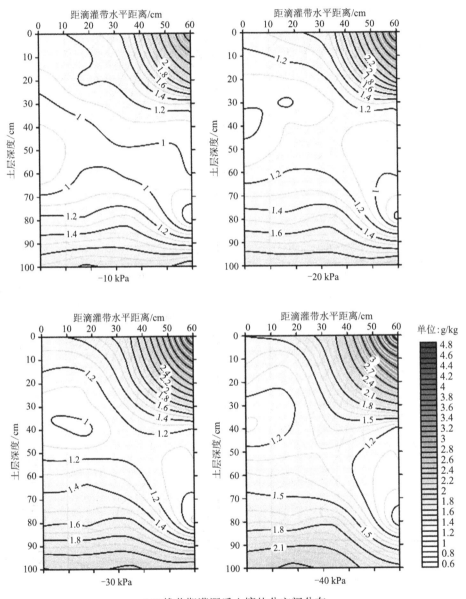

(d)拔节期灌溉后土壤盐分空间分布

续图 5-43

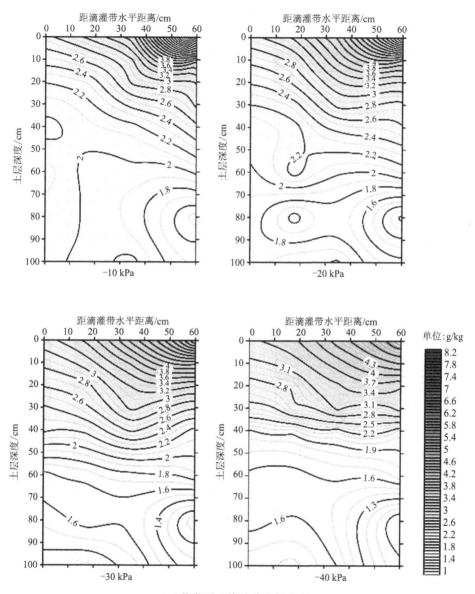

（e）收获后土壤盐分空间分布

续图 5-43

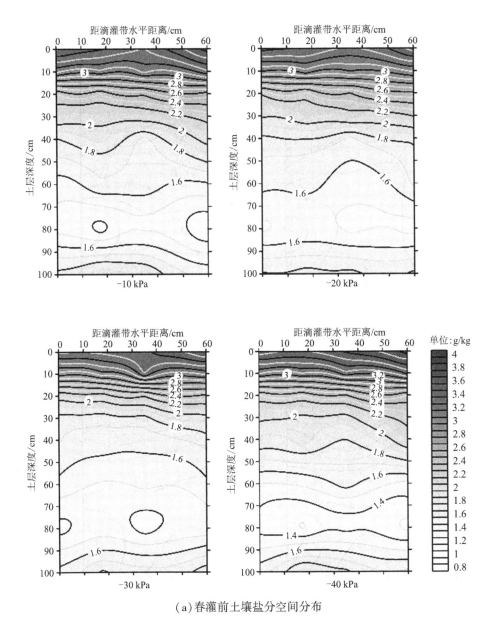

（a）春灌前土壤盐分空间分布

图 5-44　2016 年玉米微咸水膜下滴灌试验处理在春灌前、播种前、
拔节期灌溉前、拔节阶段灌溉后和收获后的土壤盐分空间分布

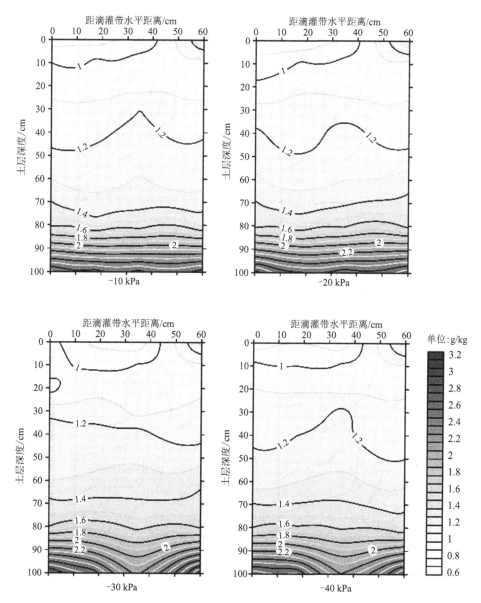

（b）播种前土壤盐分空间分布

续图 5-44

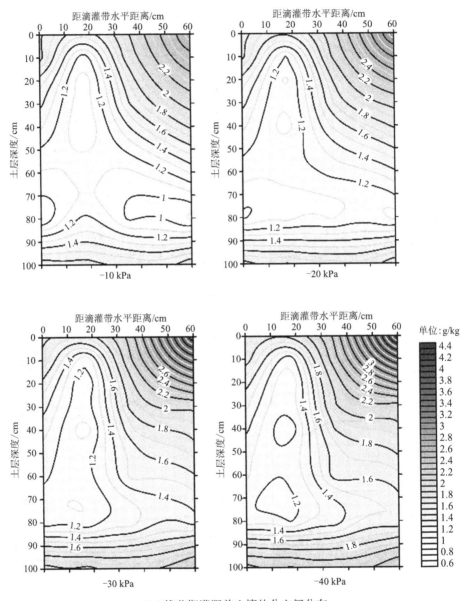

(c)拔节期灌溉前土壤盐分空间分布

续图 5-44

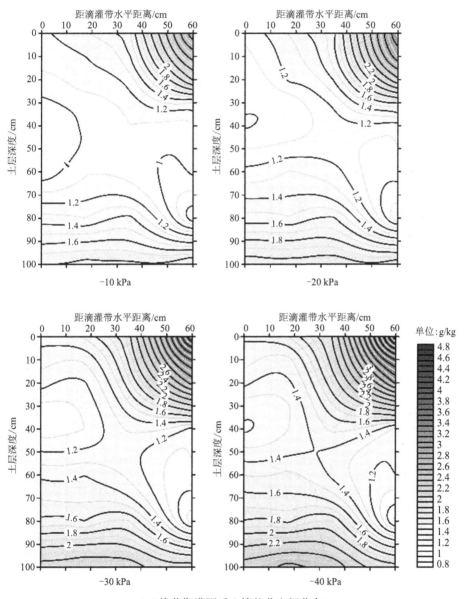

(d) 拔节期灌溉后土壤盐分空间分布

续图 5-44

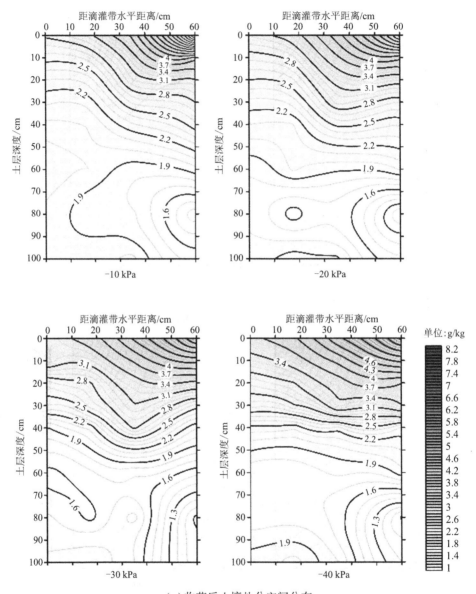

(e)收获后土壤盐分空间分布

续图 5-44

5.5　小　结

　　玉米和葵花微咸水膜下滴灌两年春汇处理膜内、膜外表层 20 cm 土壤含水率明显小于一年春汇处理对应含水率;一年春汇各处理灌水控制下限越高,灌溉定额越大,膜内或膜外相同深度的土壤含水率越大;灌溉水补给膜内土壤储水量,地膜减弱膜内表土蒸发作用,相同土层深度内,膜内土壤含水率大于膜外;土壤储水变化主要集中在表层 60 cm,60 cm 以下土壤含水率变化较小;地表以下 0～100 cm 内,葵花两年春汇处理与葵花一年春汇处理自播种至现蕾期相应土壤含水率变化趋势相反。

　　玉米和葵花微咸水膜下滴灌膜内或膜外 0～100 cm 土壤盐分均大于黄河水漫灌处理;相同春汇制度下灌水下限越高,同时段膜内 0～40 cm 土壤盐分被淋洗得越充分,随湿润锋从膜内向膜外 0～40 cm 迁移的盐分越多;受表土蒸发影响,膜外 40～100 cm 土壤盐分随水分向表层 0～40 cm 迁移;相同时段膜内土层含盐量小于膜外相应土层含盐量。

　　滴灌的水分入渗为点源入渗,湿润体的形状在垂直于滴灌带的滴头所在竖直剖面上近似为半椭圆形;作物根系能吸收土壤中的水分和盐分离子,在根部出现水分和盐分低值区;由于表土蒸发,土壤中盐分随着水分从深层向地表迁移,由于灌溉水入渗,土壤中盐分随着湿润锋向膜外迁移;随着作物生育期的延长,土壤含盐量有所增加,滴灌对膜内表层土壤中盐分具有较好的淋洗作用[104]。

第6章 不同微咸水膜下滴灌-引黄补灌制度对典型作物生长及产量的影响

6.1 不同微咸水膜下滴灌-引黄补灌制度对作物生长的影响

作物茎粗、株高是反映植株生长特征的重要指标,在生育期控制不同水分处理呈现出不同的生长曲线,但都随着作物生育期的延长呈现出快速增长—缓慢增长—缓慢下降的趋势;作物叶面积是作物的形态指标之一,叶面积的大小是作物光合特性的直接表征因素,作物不同生长发育期由于水分控制的不同,叶面积的变化也呈现不同的规律,但都随着叶片的生长呈现出抛物线变化,遵循着叶片生命周期的变化规律,即快速增长—缓慢下降—快速下降。

6.1.1 不同微咸水膜下滴灌-引黄补灌制度对玉米生长的影响

2015年、2016年微咸水膜下滴灌玉米试验茎粗、株高、叶面积分别如图6-1~图6-6所示。

从玉米苗期至抽穗期各灌溉处理的茎粗均增长,平均增长率为219.2%,2015年和2016年,传统黄河水漫灌对照处理和一年春汇各试验处理在拔节期达到最大值,2016年两年春汇各试验处理均在抽穗期达到最大值;随着生育期的延长,玉米茎粗均有所减小,但减小弧度较小,平均减小率为6.3%;相同生育期内传统黄河水漫灌对照处理的玉米茎粗最大。

从玉米苗期至灌浆期,各灌溉处理的株高均增加,且从苗期至抽穗期玉米株高几乎呈直线增长趋势,抽穗期至灌浆期增长减缓,从灌浆期至乳熟期各处理玉米株高略有减小。在相同生育期内,传统黄河水漫灌处理玉米的株高要大于其他微咸水灌溉处理,相同春汇处理灌水下限越低,玉米株高越

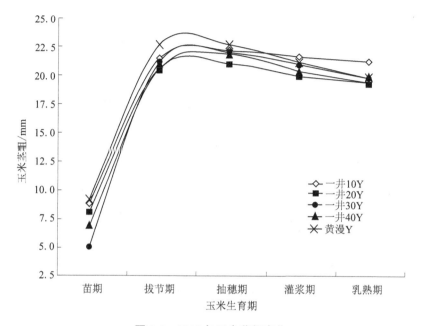

图 6-1　2015 年玉米茎粗变化

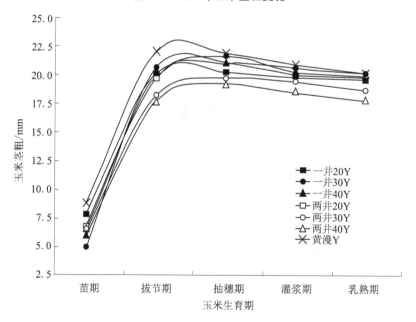

图 6-2　2016 年玉米茎粗变化

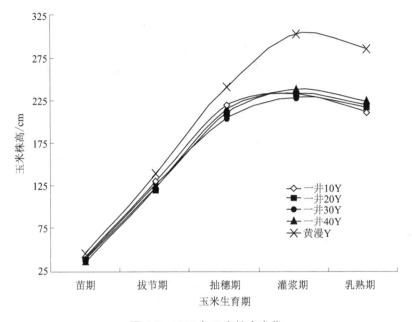

图 6-3 2015 年玉米株高变化

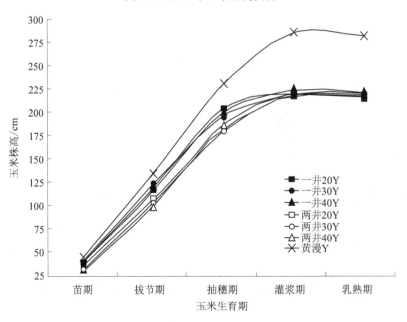

图 6-4 2016 年玉米株高变化

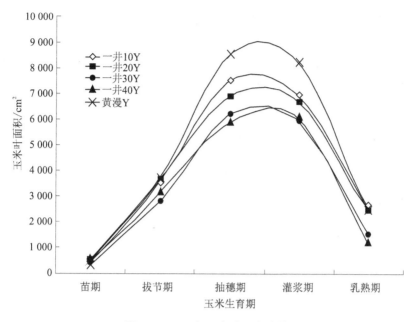

图 6-5　2015 年玉米叶面积变化

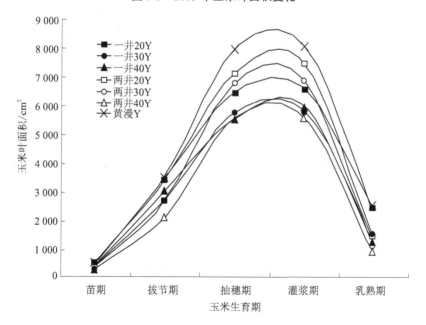

图 6-6　2016 年玉米叶面积变化

小;但2016年一年春汇各处理玉米株高均大于两年春汇各处理。

2015年、2016年各灌溉处理玉米叶面积在其生育期内均先增大后减小,在抽穗期—灌浆期达到最大值,在相同生育期内,传统黄河水漫灌对照处理玉米叶面积最大;从图6-6中可以看出,在玉米相同生育期内,2015年微咸水膜下滴灌各处理、2016年一年春汇和两年春汇各处理玉米叶面积均满足-20 kPa处理>-30 kPa处理>-40 kPa处理,微咸水膜下滴灌相同春汇处理随着灌水下限的降低,玉米叶面积均减小。

6.1.2　不同微咸水膜下滴灌-引黄补灌制度对葵花生长的影响

2016年葵花微咸水膜下滴灌试验茎粗、株高、叶面积分别如图6-7~图6-12所示。

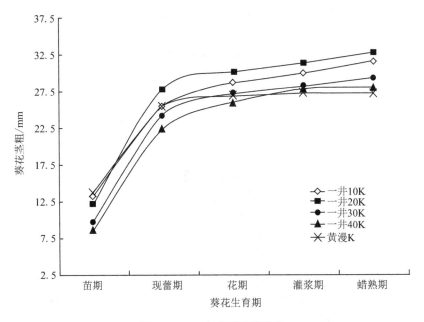

图6-7　2015年葵花茎粗变化

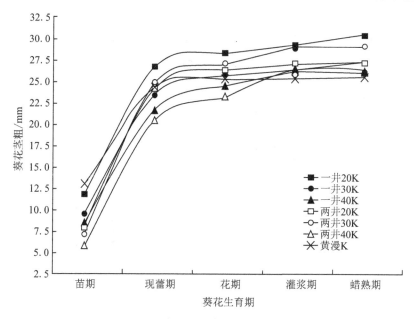

图 6-8　2016 年葵花茎粗变化

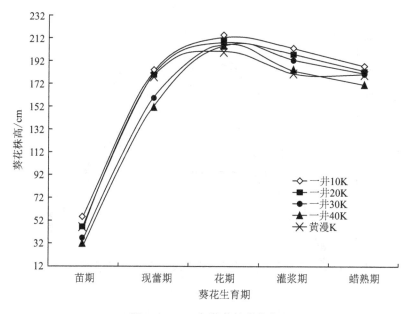

图 6-9　2015 年葵花株高变化

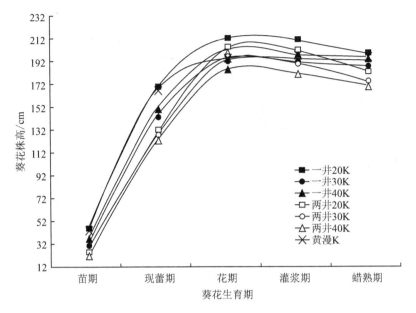

图 6-10　2016 年葵花株高变化

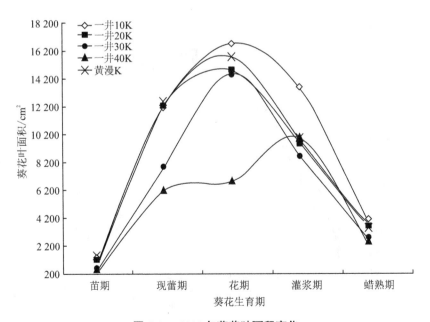

图 6-11　2015 年葵花叶面积变化

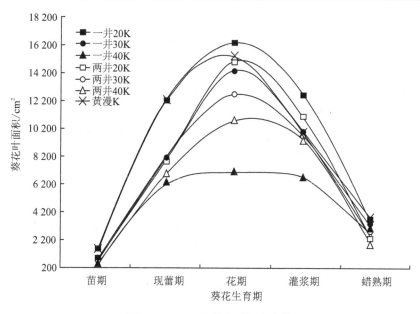

图 6-12　2016 年葵花叶面积变化

在葵花整个生育期内,各处理葵花茎粗均随着生育期延长一直增加,在蜡熟期达到最大,在相同的生育期内一年春汇-20 kPa 处理茎粗最大,2016 年两年春汇-40 kPa 处理葵花茎粗最小。在葵花整个生育期内,各处理葵花株高均增加,苗期到花期相同春汇处理的株高随着灌水下限的降低而减小,相同灌水下限一年春汇处理的株高大于两年春汇处理。在整个葵花生育期内,各处理叶面积均先增加后减少,各处理葵花叶面积最大值出现在花期,相同春汇处理随着灌水下限的降低最大叶面积减小,两年春汇-40 kPa 处理叶面积达到最大值经历时间最长,花期至蜡熟期,一年春汇-20 kPa 处理叶面积减小最缓慢,两年春汇-40 kPa 处理叶面积减小最快。

6.2　不同微咸水膜下滴灌-引黄补灌制度对作物产量的影响

6.2.1　不同微咸水膜下滴灌-引黄补灌制度对玉米产量的影响

微咸水膜下滴灌试验玉米产量构成因素分析见表 6-1。各试验处理间玉米各项产量构成因素差异性均显著,一年春汇各处理之间、两年春汇各处理之间穗长、穗粗差异不大,穗长随着灌水控制下限的降低而增大,穗粗随着灌水控制下限的降低而减小;传统黄河水漫灌处理穗重最大,其次为一年春汇−40 kPa处理,两年春汇各处理的穗重随着灌水下限的降低而减小;除传统黄河水漫灌对照处理外,一年春汇−30 kPa灌水下限处理行粒数最多,其次为一年春汇−40 kPa灌水下限处理;两年春汇各处理的秃尖长度均要大于一年春汇各处理的秃尖长度;传统黄河水漫灌对照处理的单穗玉米粒重最大,其次为一年春汇−30 kPa处理,相同春汇制度下−40 kPa处理的单穗玉米粒重最小,两年春汇各处理的单穗玉米粒重随着灌水下限的降低而减小;一年春汇−30 kPa灌水下限处理的百粒重最大,其次为一年春汇−20 kPa处理,两年春汇各处理的百粒重均随着灌水下限的降低而减小。

表 6-1　玉米产量构成因素分析

年份	试验处理	穗长/cm	穗粗/mm	穗重/g	穗行数	行粒数	秃尖长度/mm	单穗玉米粒重/g	百粒重/g
2015	一井10Y	17.48e	46.64a	199.35d	16.60d	25.18b	2.14e	161.38d	31.12d
	一井20Y	17.68d	46.55b	198.26e	17.20b	24.07d	2.23d	165.60c	31.25b
	一井30Y	18.12c	46.52d	200.34c	17.80a	23.37e	2.56b	168.08b	32.05a
	一井40Y	18.16b	46.48e	205.42b	16.80c	24.23c	7.32a	158.73e	29.66e
	黄漫Y	19.11a	46.54c	221.22a	16.20e	28.03a	2.37c	186.14a	31.18c
2016	一井20Y	14.86g	47.08b	186.37f	17.40b	27.00f	2.09g	144.79c	30.06b
	一井30Y	16.06f	46.91c	211.79b	17.60a	29.40d	2.65e	156.87b	31.00a
	一井40Y	17.00c	46.86d	198.57c	16.60e	30.20c	7.44d	142.64d	27.62f
	两井20Y	16.30e	47.77a	196.21d	16.80d	26.40e	7.98c	141.81e	29.79c
	两井30Y	16.83d	46.39e	189.53e	17.00c	29.00e	13.83b	133.68f	29.16d
	两井40Y	17.20b	45.31g	180.14g	15.40g	31.60b	15.45a	122.63g	26.11e
	黄漫Y	18.90a	45.51f	218.09a	15.80f	34.80a	2.44f	167.40a	29.76c

注:表中数据为平均值;同列不同小写字母表示不同处理之间在0.05水平存在显著差异($n=5$)。

微咸水膜下滴灌试验玉米产量分析见表6-2。微咸水膜下滴灌各灌溉试验处理和传统黄河水漫灌处理的玉米的出苗率、产量结果如图6-13~图6-16所示。2015 年一年春汇各处理间出苗率相差不大,但明显低于传统黄河水漫灌处理;2016 年一年春汇各处理和传统黄河水漫灌处理之间玉米出苗率相差不大,2016 年两年春汇各处理间玉米出苗率相差也不大,但一年春汇各处理的玉米出苗率均大于两年春汇各处理的玉米出苗率;相对于传统黄河水漫灌处理,微咸水膜下滴灌各处理玉米产量均减少,相同春汇处理玉米产量随着灌水下限的降低而减小,相同灌水下限春汇频率越低,相应玉米产量越低。2015 年相对于传统黄河水漫灌处理玉米产量 14 170.00 kg/hm²,一年春汇微咸水 -10 kPa、-20 kPa、-30 kPa、-40 kPa 灌水下限处理分别减产 0.66%、0.95%、3.28%、8.13%;2016 年相对于传统黄河水漫灌处理玉米产量 14 215.00 kg/hm²,一年春汇微咸水 -20 kPa、-30 kPa、-40 kPa 灌水下限处理分别减产 1.51%、1.70%、6.20%,两年春汇微咸水 -20 kPa、-30 kPa、-40 kPa 灌水下限处理分别减产 2.31%、2.46%、15.44%;2015 年和 2016 年相同灌溉处理玉米产量相差不大。

表 6-2 微咸水膜下滴灌试验玉米产量分析

年份	处理	种植密度/（株/hm²）	出苗率/%	非生育期灌水量/（m³/hm²）	生育期灌水量/（m³/hm²）	总灌水量/（m³/hm²）	产量/（kg/hm²）
2015	一井 10Y	75 000	99.20	2 250	4 575	6 825	14 076.00
	一井 20Y	75 000	99.30	2 250	3 450	5 700	14 036.00
	一井 30Y	75 000	99.20	2 250	2 925	5 175	13 705.00
	一井 40Y	75 000	99.10	2 250	2 175	4 425	13 018.00
	黄漫 Y	75 000	99.80	2 250	4 500	6 750	14 170.00
2016	一井 20Y	75 000	99.52	2 250	3 075	5 325	14 000.00
	一井 30Y	75 000	99.53	2 250	2 850	5 100	13 974.00
	一井 40Y	75 000	99.51	2 250	2 400	4 650	13 334.00
	两井 20Y	75 000	95.12		3 975	3 975	13 886.00
	两井 30Y	75 000	94.74		3 300	3 300	13 865.00
	两井 40Y	75 000	94.66		2 850	2 850	12 020.00
	黄漫 Y	75 000	99.53	2 250	4 500	6 750	14 215.00

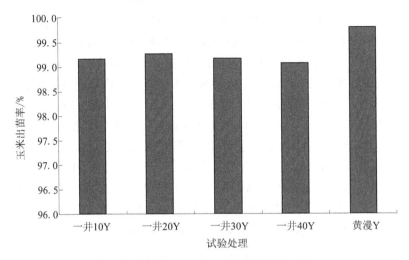

图 6-13　2015 年玉米出苗率对比

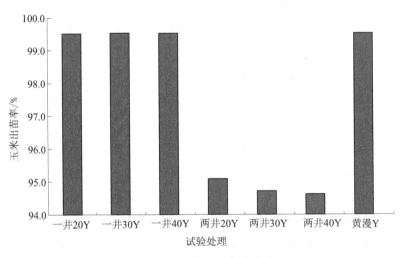

图 6-14　2016 年玉米出苗率对比

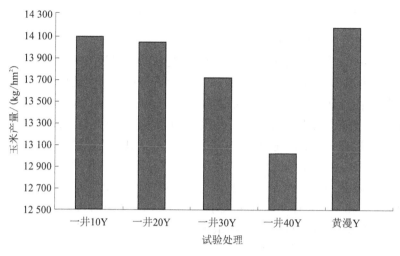

图 6-15　2015 年玉米产量对比

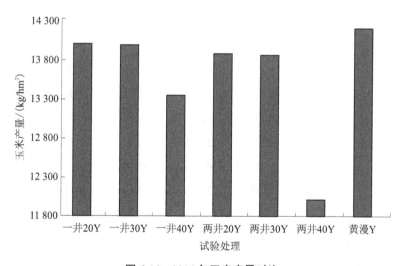

图 6-16　2016 年玉米产量对比

　　仅考虑玉米产量,优先选择一年春汇-20 kPa 灌水下限处理对应灌溉制度:每年春汇一次,春汇定额 2 250 m³/hm²,玉米生育期灌溉微咸水 13 次,灌溉定额 3 075 m³/hm²。

6.2.2 不同微咸水膜下滴灌-引黄补灌制度对葵花产量的影响

微咸水膜下滴灌试验葵花产量构成因素分析见表6-3。不同试验处理的葵花各项产量构成因素差异性显著,传统黄河水漫灌处理葵花盘径最大,其次为一年春汇-30 kPa 处理,2015 年一年春汇-40 kPa 处理最小,2016 年一年春汇各处理葵花盘径均大于两年春汇各处理,且 2016 年两年春汇-20 kPa 处理最小,为 17.80 cm。传统黄河水漫灌处理葵花盘重最大,其次为一年春汇-30 kPa 处理,2015 年一年春汇-10 kPa 处理最小,2016 年一年春汇各处理葵花盘重均大于两年春汇各处理,且 2016 年两年春汇-20 kPa 处理盘重最小,为 84.97 g。一年春汇-30 kPa 处理单盘粒重最大,2016 年两年春汇-40 kPa处理单盘粒重最小,为 159.90 g。2016 年传统黄河水漫灌处理葵花的百粒重和百粒仁重均最大,相同春汇处理葵花百粒重和百粒仁重均随着灌水下限的降低而减小。

表 6-3　微咸水膜下滴灌试验葵花产量构成因素分析

年份	处理	盘径/ cm	盘重/ g	单盘粒重/ g	百粒重/ g	百粒仁重/ g
2015	一井 10K	20.02c	106.38e	192.33b	16.01d	8.49d
	一井 20K	19.85d	108.21d	187.04d	16.42c	8.51d
	一井 30K	20.23b	117.56b	216.39a	19.85a	8.58c
	一井 40K	19.15e	112.33c	186.62e	13.72e	7.82e
	黄漫 K	20.53a	122.68a	192.22c	17.76b	8.63b
2016	一井 20K	19.25d	95.25e	187.70b	18.12b	8.52b
	一井 30K	19.79b	123.31b	207.44a	16.72c	8.52b
	一井 40K	19.40c	112.03c	177.32d	14.79g	6.20f
	两井 20K	17.80g	84.97g	168.47f	16.25d	8.40c
	两井 30K	18.82e	85.33f	181.06b	16.04e	8.11d
	两井 40K	18.58f	98.84d	159.90g	15.60f	8.06e
	黄漫 K	19.86a	134.24a	172.06e	18.73a	8.87a

注:表中数据为平均值;同列不同小写字母表示不同处理之间在 0.05 水平存在显著差异($n=5$)。

微咸水膜下滴灌试验葵花的出苗率、产量分析见表 6-4 和图 6-17 ~
图 6-20。一年春汇各处理与传统黄河水漫灌处理之间出苗率相差不大,2016
年两年春汇各处理间的出苗率差别明显,而且 2016 年两年春汇各处理间的出
苗率普遍低于一年春汇各处理和黄河水漫灌处理,这说明春汇对葵花出苗率
影响明显。相同春汇-30 kPa 灌水下限处理产量最大,相同灌水下限春汇频
率越高葵花产量越大;相比 2015 年传统黄河水漫灌处理葵花产量
3 606.00 kg/hm²,2015 年葵花微咸水一年春汇-20 kPa、-30 kPa 灌水下限处
理分别增产0.92%、4.77%,一年春汇-10 kPa、-40 kPa 灌水下限处理分别减产
4.49%、2.02%;相比 2016 年传统黄河水漫灌处理葵花产量 3 684.00 kg/hm²,
2016 年葵花微咸水一年春汇-30 kPa 和两年春汇-30 kPa 灌水下限处理分别
增产3.20%和 2.82%,一年春汇-20 kPa、-40 kPa 灌水下限处理分别减产
0.65%、3.23%,两年春汇-20 kPa、-40 kPa 灌水下限处理分别减产 1.41%、
7.57%。

表 6-4　微咸水膜下滴灌试验葵花的出苗率、产量分析

年份	处理	种植密度/（株/hm²）	出苗率/%	非生育期灌水量/（m³/hm²）	生育期灌水量/（m³/hm²）	总灌水量/（m³/hm²）	产量/（kg/hm²）
2015	一井 10K	41 250	90.71	2 250	3 225	5 475	3 444.00
	一井 20K	41 250	90.67	2 250	2 475	4 725	3 639.00
	一井 30K	41 250	90.72	2 250	2 025	4 275	3 778.00
	一井 40K	41 250	90.64	2 250	1 725	3 975	3 533.00
	黄漫 K	41 250	90.82	2 250	2 500	4 750	3 606.00
2016	一井 20K	41 250	90.67	2 250	2 250	4 500	3 660.00
	一井 30K	41 250	90.72	2 250	1 800	4 050	3 802.00
	一井 40K	41 250	90.64	2 250	1 500	3 750	3 565.00
	两井 20K	41 250	86.56		2 925	2 925	3 632.00
	两井 30K	41 250	90.02		2 250	2 250	3 788.00
	两井 40K	41 250	85.34		2 025	2 025	3 405.00
	黄漫 K	41 250	91.12	2 250	2 500	4 750	3 684.00

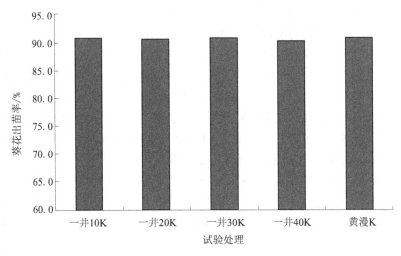

图 6-17　2015 年葵花出苗率对比

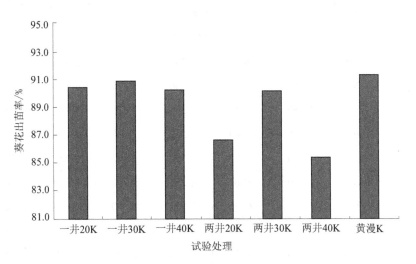

图 6-18　2016 年葵花出苗率对比

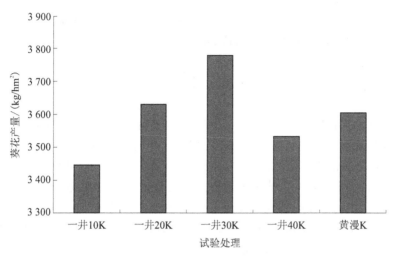

图 6-19　2015 年葵花产量对比

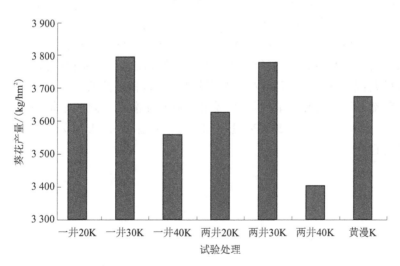

图 6-20　2016 年葵花产量对比

相同微咸水灌水定额下,灌水下限过高会影响葵花根系对湿润层的咬合,易倒伏,灌水下限过低不能供给葵花生长发育所需水分,都不利于葵花植株生长,灌水控制下限过高和过低都不利于葵花产量提高;葵花播前的春汇灌溉对葵花出苗率和产量影响很大。仅考虑葵花产量,优先选择一年春汇－30 kPa灌水下限处理对应灌溉制度:每年春汇一次,春汇定额 2 250 m³/hm²,葵花生育期灌溉 7 次,灌溉定额 1 800 m³/hm²。

6.3　小　结

在玉米生育期内,水分对玉米茎粗、株高、叶面积均有影响,微咸水膜下滴灌各试验处理玉米的茎粗、株高、叶面积均低于同阶段传统黄河水漫灌处理,相同春汇处理灌水下限越高,水分越充足,玉米茎粗、株高、叶面积越大,春汇频率越高,玉米茎粗最大值出现越提前。在葵花生育期内,水分对葵花茎粗、株高、叶面积均存在影响且一直存在,相同春汇处理灌水下限越高,水分越充足,葵花茎粗、叶面积越大,叶面积最大值出现越早,后期叶片衰老越迟缓,春汇频率越高,叶面积最大值出现越早。

相同春汇处理灌水下限越高,玉米穗长越小、穗粗越大;春汇频率越高,秃尖长度越小,玉米出苗率越高;两年春汇处理的穗重、单穗玉米粒重和百粒重随着灌水下限的降低而减小;玉米微咸水膜下滴灌－引黄补灌各试验处理相比传统黄河水漫灌处理均减产,相同春汇处理灌水下限越低,玉米产量越低,春汇频率越高,玉米产量越高。相同春汇处理葵花百粒重和百粒仁重均随着灌水下限的降低而减小,一年春汇－30 kPa 处理盘径、盘重和单盘粒重最大,产量最大;春汇频率越高,葵花出苗率越高,过高和过低的微咸水膜下滴灌灌水下限都不利于葵花产量的提高,葵花－30 kPa 灌水下限产量最高。单从产量来看,玉米一年春汇－20 kPa 处理和葵花一年春汇－30 kPa 处理对应灌溉制度最适宜。

第7章 典型作物不同微咸水膜下滴灌-引黄补灌制度下的效益评价

7.1 典型作物不同微咸水膜下滴灌-引黄补灌制度的土壤积盐量

7.1.1 典型作物生育期内土壤积盐量计算方法介绍

土壤积盐量采用 Matlab 软件汇编程序计算,相应计算原理及步骤介绍如下:

(1)如图 7-1 所示,E、F、A、B、C、D、G 表示横向距离滴灌带 -35 cm、-17.5 cm、0 cm、17.5 cm、35 cm、60 cm、85 cm 的 7 个不同位置,a 土层~g 土层分别表示地表以下 $0\sim10$ cm、$10\sim20$ cm、$20\sim30$ cm、$30\sim40$ cm、$40\sim60$ cm、$60\sim80$ cm、$80\sim100$ cm 深度土层。

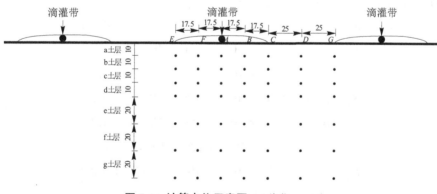

图 7-1 计算点位示意图 (单位:cm)

(2)检测播前不同位置、不同土层深度的土壤含盐量 W_{I} 和收后不同位置、不同土层深度的土壤含盐量 W_{II},计算不同位置不同土层深度的土壤含盐增量 $\Delta W = W_{\mathrm{II}} - W_{\mathrm{I}}$。

(3)在相同深度土层,以 A 位置为坐标原点,AG 方向为 X 轴正方向,以土

壤 ΔW 为 Y 轴,构造直角坐标系。

(4)在各位置相同深度土层,以距滴灌带距离(单位以 cm 计)为横坐标值,以相应位置相应深度的土壤含盐增量为纵坐标值,由 A、B、C、D、E 5 点坐标拟合相应土层深度土壤含盐增量关于距滴灌带距离的一元三次函数关系 f,关于 Y 轴对称得到函数 f_1,见图 7-2。

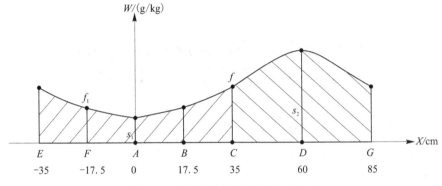

图 7-2 土层含盐量积分计算示意图

(5)对 f_1 在 EA 段积分,分别对 f 在 AC 段和 CG 段积分,得到面积 s_1 和 s_2,$s = s_1 + s_2$;按式(7-1)计算相应每个处理中,单位面积(1 hm^2)指定深度(0~10 cm、10~20 cm、20~30 cm、30~40 cm、40~60 cm、60~80 cm、80~100 cm、0~100 cm)土体的积盐量 S_{sa}、S_{sb}、S_{sc}、S_{sd}、S_{se}、S_{sf}、S_{sg}、S_{100}:

$$
\left.
\begin{aligned}
S_{sa} &= \rho_1 \times s_a \times h_1 \times 10^{-6} \times 100 \times 10\,000 \div 1.2 \\
S_{sb} &= \rho_1 \times s_b \times h_1 \times 10^{-6} \times 100 \times 10\,000 \div 1.2 \\
S_{sc} &= \rho_1 \times s_c \times h_1 \times 10^{-6} \times 100 \times 10\,000 \div 1.2 \\
S_{sd} &= \rho_1 \times s_d \times h_1 \times 10^{-6} \times 100 \times 10\,000 \div 1.2 \\
S_{se} &= \rho_1 \times s_e \times h_2 \times 10^{-6} \times 100 \times 10\,000 \div 1.2 \\
S_{sf} &= \rho_1 \times s_f \times h_2 \times 10^{-6} \times 100 \times 10\,000 \div 1.2 \\
S_{sg} &= \rho_1 \times s_g \times h_2 \times 10^{-6} \times 100 \times 10\,000 \div 1.2 \\
S_{100} &= S_{sa} + S_{sb} + S_{sc} + S_{sd} + S_{se} + S_{sf} + S_{sg}
\end{aligned}
\right\}
\qquad (7\text{-}1)
$$

式中,S_{sa}、S_{sb}、S_{sc}、S_{sd}、S_{se}、S_{sf}、S_{sg}、S_{100} 分别表示单位面积(1 hm^2)指定深度(0~10 cm、10~20 cm、20~30 cm、30~40 cm、40~60 cm、60~80 cm、80~100 cm、0~100 cm)土体的积盐量,kg。

0~20 cm 壤土密度 $\rho_1 = 1.599$ g/cm^3、20~60 cm 壤质沙土密度 $\rho_2 =$

1.473 g/cm³、60~100 cm 沙质壤土密度 ρ_3 = 1.427 g/cm³。

0~40 cm 划分的土层深度 h_1 = 10 cm，40~100 cm 划分的土层深度 h_2 = 20 cm。

s_a~s_g 分别表示第 a~g 土层 f_1 在 EA 段和 f 在 AG 段积分值的和。

7.1.2 玉米不同微咸水膜下滴灌-引黄补灌制度的土壤积盐量

2015 年和 2016 年玉米生育期内微咸水膜下滴灌-引黄补灌各处理不同土层单位面积（1 hm²）土壤积盐量计算结果分别见表 7-1、表 7-2。

表 7-1 2015 年玉米生育期内各处理土壤积盐量计算 单位:kg/hm²

试验处理	0~10 cm	10~20 cm	20~30 cm	30~40 cm	40~60 cm	60~80 cm	80~100 cm	0~100 cm
一井 10Y	5 484.64	4 843.26	1 449.12	1 352.97	3 524.78	4 706.75	1 692.14	23 053.66
一井 20Y	4 858.94	4 354.36	1 728.77	1 646.44	3 532.17	4 460.54	2 695.43	23 276.65
一井 30Y	4 416.25	4 015.52	2 437.58	2 321.50	6 075.50	2 664.70	2 447.95	24 378.99
一井 40Y	4 951.73	4 696.45	3 461.81	3 296.96	7 766.19	2 764.91	2 565.50	29 503.54
黄漫 Y	2 374.59	1 787.78	811.94	902.50	1 879.95	3 029.82	3 657.20	14 443.78

表 7-2 2016 年玉米生育期内各处理土壤积盐量计算 单位:kg/hm²

试验处理	0~10 cm	10~20 cm	20~30 cm	30~40 cm	40~60 cm	60~80 cm	80~100 cm	0~100 cm
一井 20Y	4 318.49	3 256.88	2 163.42	1 733.78	4 835.03	4 220.92	3 177.33	23 705.84
一井 30Y	4 337.52	3 248.02	2 347.52	1 895.91	5 369.01	4 290.22	3 176.76	24 664.95
一井 40Y	4 630.67	3 596.12	2 658.24	2 683.67	5 859.93	5 388.09	4 854.84	29 671.55
两井 20Y	−979.06	133.62	740.49	1 301.24	6 015.89	5 536	6 050.7	18 798.88
两井 30Y	−859.03	245.5	836.1	1 483.64	6 129.51	5 451.62	5 897.04	19 184.38
两井 40Y	−91.62	888.83	1 262.93	1 815.89	6 993.51	5 968.8	5 840.5	23 678.84
黄漫 Y	2 353.26	2 641.80	1 720.98	1 437.00	1 928.47	2 144.15	2 353.08	14 578.74

从表 7-1、表 7-2 可以看出，在玉米生育期内一年春汇处理各土层均积盐，且土体积盐量随着灌水下限的降低而增加；2015 年和 2016 年相同处理单位面积（1 hm²）0~100 cm 土体积盐量接近，盐分累积主要出现在 0~20 cm 和 40~80 cm；玉米生育期内两年春汇处理表层 10 cm 土体脱盐，10~100 cm 土

体均积盐,盐分累积主要出现在 40~80 cm 土体;相同灌水控制下限一年春汇处理玉米生育期内土体积盐量大于两年春汇处理。传统黄河水漫灌处理土体积盐主要分布在 0~20 cm 和 60~100 cm。

7.1.3　葵花不同微咸水膜下滴灌-引黄补灌制度的土壤积盐量

2015 年和 2016 年葵花生育期内微咸水膜下滴灌-引黄补灌各处理不同土层单位面积(1 hm²)土壤积盐量计算结果分别见表 7-3、表 7-4。

表 7-3　2015 年葵花生育期内各处理土壤积盐量计算　　单位:kg/hm²

试验处理	0~10 cm	10~20 cm	20~30 cm	30~40 cm	40~60 cm	60~80 cm	80~100 cm	0~100 cm
一井 10K	4 542.31	3 488.50	2 262.76	2 023.40	5 848.29	6 210.80	3 092.80	27 468.85
一井 20K	5 266.48	3 632.59	2 634.67	2 001.67	5 527.26	5 675.36	3 973.19	28 711.23
一井 30K	5 283.62	4 010.27	2 861.81	2 481.66	5 266.44	5 498.54	4 567.16	29 969.50
一井 40K	5 760.13	4 140.24	2 886.56	2 338.67	5 943.29	5 733.45	4 704.32	31 506.66
黄漫 K	2 682.48	2 651.04	1 848.47	1 402.93	3 501.22	3 525.49	2 100.78	17 712.14

表 7-4　2016 年葵花生育期内各处理土壤积盐量计算　　单位:kg/hm²

试验处理	0~10 cm	10~20 cm	20~30 cm	30~40 cm	40~60 cm	60~80 cm	80~100 cm	0~100 cm
一井 20K	5 076.08	3 568.24	2 849.25	2 320.11	5 527.63	5 377.08	3 662.48	28 380.86
一井 30K	4 998.18	3 822.93	3 023.81	2 808.63	5 237.60	5 336.33	4 433.76	29 661.24
一井 40K	5 542.48	4 021.46	3 095.88	2 692.23	5 647.73	5 540.04	4 619.53	31 159.35
两井 20K	−410.52	1 218.49	2 236.95	2 236.19	5 116.89	5 476.94	8 025.32	23 900.25
两井 30K	−214.16	1 597.55	2 148.09	2 192.52	5 264.50	5 274.27	8 111.39	24 374.16
两井 40K	−126.53	1 636.05	1 934.32	2 481.88	6 083.16	6 494.28	8 866.24	27 369.40
黄漫 K	2 571.33	2 572.77	1 985.58	1 618.01	3 494.22	3 416.01	1 973.25	17 631.17

从表 7-3、表 7-4 可以看出,在葵花生育期内一年春汇处理各土层均积盐,且 0~20 cm、80~100 cm、0~100 cm 土体积盐量随着灌水下限的降低而增加;2015 年和 2016 年相同处理单位面积(1 hm²)0~100 cm 土体积盐量接近,盐分累积主要出现在 0~20 cm 和 40~100 cm;葵花生育期内两年春汇各灌水下

限处理表层 10 cm 土体均脱盐,10~100 cm 土体均积盐,盐分累积主要出现在 40~100 cm 土体,且积盐量随着灌水下限的降低而增加;相同灌水控制下限一年春汇处理葵花生育期内土体积盐量大于两年春汇处理。传统黄河水漫灌处理土体积盐主要分布在 40~80 cm。

7.2　典型作物不同微咸水膜下滴灌–引黄补灌制度的节水效益和经济效益

7.2.1　典型作物不同微咸水膜下滴灌–引黄补灌制度的节水效益

玉米和葵花微咸水膜下滴灌–引黄补灌各处理相对于传统黄河水漫灌处理的节水率计算结果见表 7-5。

表 7-5　节水率对比分析

玉米					葵花				
	2015 年		2016 年			2015 年		2016 年	
处理	灌溉定额/ (m³/hm²)	节水率/ %	灌溉定额/ (m³/hm²)	节水率/ %	处理	灌溉定额/ (m³/hm²)	节水率/ %	灌溉定额/ (m³/hm²)	节水率/ %
一井 10Y	6 825	-1.11			一井 10K	5 475	-15.26		
一井 20Y	5 700	15.56	5 325	21.11	一井 20K	4 725	0.53	4 500	5.26
一井 30Y	5 170	23.41	5 100	24.44	一井 30K	4 275	10.00	4 050	14.74
一井 40Y	4 425	34.44	4 650	31.11	一井 40K	3 975	16.32	3 750	21.05
两井 20Y			3 975	41.11	两井 20K			3 150	33.68
两井 30Y			3 300	51.11	两井 30K			2 475	47.89
两井 40Y			2 850	57.78	两井 40K			2 250	52.63
黄漫 Y	6 750		6 750		黄漫 K	4 750		4 750	

注:节水率为负值表示相比黄河水地面灌更费水,其费水率即为节水率的绝对值。

从表 7-5 可以看出,玉米和葵花在 2015 年、2016 年采用引黄河水地面灌的灌溉定额均一致,分别为 6 750 m³/hm² 和 4 750 m³/hm²。除了一年春汇 -10 kPa 灌水下限处理外,玉米和葵花微咸水膜下滴灌较传统地面灌溉显著地减少了灌水量,引黄河水地面灌溉的灌水定额较大,造成深层渗漏和无效蒸发等额外消耗,致使田间灌溉水利用效率较低;膜下滴灌具有小流量、高频率的特点,基本上杜绝了水分的深层渗漏,无效水分蒸发减少;微咸水膜下滴灌相同春汇处理灌水下限越低,节水率越大。

相比传统引黄河水地面灌溉,微咸水膜下滴灌-引黄补灌在作物生育期内利用地下微咸水灌溉,节约了大量淡水,玉米一年春汇各灌水下限处理节约淡水 4 500 m³/hm²,玉米两年春汇各灌水下限处理节约淡水 6 750 m³/hm²;葵花一年春汇各灌水下限处理节约淡水 2 500 m³/hm²,葵花两年春汇各灌水下限处理节约淡水 4 750 m³/hm²。采用微咸水膜下滴灌灌溉作物节约淡水资源的潜力很大,在淡水资源严重缺乏的河套地区开发利用地下微咸水,在作物生育期代替淡水灌溉农作物对缓解淡水资源危机具有重要意义。典型作物相同春汇处理灌水下限越低,节水率越大,春汇频率越小,节水率越大,且节约淡水资源量也越大。单从节水效益看,相比传统引黄河水地面灌溉,玉米和葵花采用两年春汇-40 kPa 处理对应灌溉制度均最节水,不仅节水率最高,而且节约淡水资源总量最大,其次为两年春汇-30 kPa 处理对应灌溉制度,其节水率略低。

7.2.2　典型作物不同微咸水膜下滴灌-引黄补灌制度的经济效益

玉米微咸水膜下滴灌-引黄补灌相比传统黄河水地面灌溉节省肥料、农药和淡水,但增加了电费和滴灌带费用,而且产量也存在着差别,玉米种植产生的经济效益各不相同,具体分析计算见表7-6。

表 7-6　玉米灌溉试验经济效益分析　　　　　　单位:元/hm²

费用类型	2015 年				
	一井 10Y	一井 20Y	一井 30Y	一井 40Y	黄漫 Y
地膜费	450	450	450	450	450
种子化肥费	3 585	3 585	3 585	3 585	4 665
农药费	75	75	75	75	90
滴灌带费	2 250	2 250	2 250	2 250	0
机械作业费	2 250	2 250	2 250	2 250	2 250
田间管理费	1 350	1 350	1 350	1 350	2 700
水电费	819.2	689.4	611.5	525.0	1 200
产出收入	28 152.0	28 072.0	27 410.0	26 036.0	28 340.0
纯收入	17 372.8	17 422.6	16 838.5	15 551.0	16 985.0

续表 7-6

				2016年			
费用类型	一井 20Y	一井 30Y	一井 40Y	两井 20Y	两井 30Y	两井 40Y	黄漫 Y
地膜费	450	450	450	450	450	450	450
种子化肥费	3 540	3 540	3 540	3 540	3 540	3 540	4 665
农药费	75	75	75	75	75	75	90
滴灌带费	2 250	2 250	2 250	2 250	2 250	2 250	0
机械作业费	2 250	2 250	2 250	2 250	2 250	2 250	2 250
田间管理费	1 350	1 350	1 350	1 350	1 350	1 350	2 700
水电费	650.8	624.8	572.9	454.6	376.7	324.8	1 200
产出收入	28 000.0	27 948.0	26 668.0	27 772.0	27 730.0	24 040.0	28 430.0
纯收入	17 434.2	17 408.2	16 180.1	17 402.4	17 438.3	13 800.2	17 075.0

从表 7-6 可以看出,2015 年玉米各试验处理每公顷平均纯收入为 16 796.23元,2016年一年春汇各灌水下限处理每公顷平均纯收入为17 007.50 元,2016年两年春汇各灌水下限处理每公顷平均纯收入为16 213.63元;2015年 和2016年相对于传统黄河水漫灌处理,-40 kPa 灌水下限处理纯收入减少, -20 kPa灌水下限处理纯收入增加,两年春汇-40 kPa 灌水下限处理纯收入减 少19.18%最大,两年春汇-30 kPa 灌水下限处理纯收入最大,为17 438.3 元/hm²,玉米微咸水膜下滴灌-引黄补灌纯收入随着灌水下限的降低而减少; 不同灌溉处理玉米产量越大,单位面积耕地纯收入不一定越大。

葵花微咸水膜下滴灌-引黄补灌相比引黄河水地面灌溉节省肥料、农药 和淡水,但增加了电费和滴灌带费用,而且产量也存在差别,葵花种植产生的 经济效益各不相同,具体分析计算见表7-7。

表 7-7　葵花灌溉试验经济效益分析　　　　单位:元/hm²

2015 年

费用类型	一井 10K	一井 20K	一井 30K	一井 40K	黄漫 K
地膜费	450	450	450	450	450
种子化肥费	4 072.5	4 072.5	4 072.5	4 072.5	4 792.5
农药费	225	225	225	225	275
滴灌带费	2 250	2 250	2 250	2 250	0
机械作业费	1 800	1 800	1 800	1 800	1 800
田间管理费	900	900	900	900	1 800
水电费	664.0	577.5	525.6	495.0	900
产出收入	24 108.0	25 473.0	26 446.0	24 731.0	25 242.0
纯收入	13 746.5	15 198.0	16 222.9	14 538.5	15 224.5

2016年

费用类型	一井 20K	一井 30K	一井 40K	两井 20K	两井 30K	两井 40K	黄漫 K
地膜费	450	450	450	450	450	450	450
种子化肥费	4 072.5	4 072.5	4 072.5	4 072.5	4 072.5	4 072.5	4 792.5
农药费	225	225	225	225	225	225	275
滴灌带费	2 250	2 250	2 250	2 250	2 250	2 250	0
机械作业费	1 800	1 800	1 800	1 800	1 800	1 800	1 800
田间管理费	900	900	900	900	900	900	1 800
水电费	551.5	499.6	469.0	454.6	376.7	324.8	900.0
产出收入	25 620.0	26 614.0	24 955.0	25 424.0	26 516.0	23 835	25 788.0
纯收入	15 371.0	16 416.9	14 788.5	15 271.9	16 441.8	13 812.7	15 770.5

从表 7-7 可以看出,2015 年葵花一年春汇各灌水下限处理平均每公顷纯收入 14 926.48 元,2016 年一年春汇各灌水下限处理平均每公顷纯收入为 15 525.47 元,2016 年两年春汇各灌水下限处理平均每公顷纯收入为 15 175.47 元;2015 年和 2016 年,相对于传统黄河水漫灌处理、-10 kPa、-20 kPa、-40 kPa 灌水下限处理纯收入均减少,-30 kPa 灌水下限处理纯收入增加,两年春汇-40 kPa 处理纯收入减少 12.41%最大,两年春汇-30 kPa 处理

纯收入最大为 16 441.8 元/hm^2。

在作物生育期内合理利用微咸水进行膜下滴灌,配合作物非生育期的引黄灌溉可以提高作物产量,从而提高单位面积土地的纯收入,还可以增加灌溉面积,提高土地资源利用率,减轻劳动强度,减少管理和运行费用。

7.3　微咸水膜下滴灌-引黄补灌制度的生态效益和社会效益

由试验结果可知,玉米和葵花微咸水膜下滴灌试验的化肥和农药使用量明显小于传统黄河水地面灌溉,更有利于保护生态环境。

我国盐碱土壤约有 3 600 万 hm^2,占全国可利用土地面积的 4.88%[105]。内蒙古耕地盐碱化面积约为 316 万 hm^2,占可耕面积的 47.55%,作物生长受盐碱土壤影响严重,许多重度盐碱化土壤退化为盐荒地,丧失防风固沙能力,生态环境逐步恶劣。

河套地区淡水资源缺乏,正常农业灌溉已经面临威胁。开发利用地下微咸水资源用于农业灌溉,不仅可以缓解淡水资源的不足,还能适当降低地下水位,减轻盐渍化危害,结合作物非生育期引黄灌溉可以进一步防治土壤次生盐碱化,对保护现有可用耕地资源具有重要意义。

合理发展微咸水膜下滴灌技术可以缓解河套地区农业用水供需矛盾,节约大量淡水资源,增加农业灌溉面积,提高灌溉保证率,提高作物产量,促进农村经济发展,保障地区乃至国家粮食安全;节约的淡水资源向工业转移,能促进工业总产值的增加,加快社会经济的发展,邵景力[106]等对内蒙古自治区包头市水资源系统经济效益的研究表明,水资源对工业各行业生产总值的贡献率从大到小依次为电力、电子、化工、冶金、食品、轻工、建材、机械、纺织,分别为 35.31%、10.78%、7.99%、7.79%、5.83%、2.15%、2.90%、2.06%、1.99%,包头市工业用淡水每增加 1%,工业总产值将增加 0.79%;农业节约的淡水还可以用于人类生活,维持人类生活用水需求,也可以用于城市生态建设,改善城市生态环境,维持城市可持续发展。

7.4　小　结

在玉米和葵花生育期内一年春汇处理各土层均积盐,两年春汇处理除表层 10 cm 土体脱盐外,10～100 cm 均积盐;玉米微咸水处理的主要积盐层在

40~80 cm,葵花微咸水处理的主要积盐层在 40~100 cm;黄河水地面灌溉处理在 0~100 cm 土体内积盐量最少,微咸水滴灌处理各层土壤积盐量随着灌水下限的降低而增加;作物生育期采用微咸水膜下滴灌方式,一方面可以通过滴灌水分的入渗淋洗土壤中的盐分,另一方面微咸水本身含有盐分,相比淡水滴灌向耕地带入了更多的盐分;黄河水地面灌处理积盐量最少,对盐分淋洗最充分。单从积盐角度来看,玉米和葵花最佳灌溉制度为两年春汇–20 kPa 对应灌溉制度。

采用微咸水膜下滴灌–引黄补灌方式减少了作物生育期内的水分深层渗漏和无效蒸发,相同春汇处理灌水下限越高,节水率越低,相同灌水下限春汇频率越低,节水率越高,越节约淡水,相同灌溉处理玉米节水率大于葵花节水率。单从节水率来看,玉米和葵花最佳灌溉制度均为两年春汇–40 kPa 处理对应灌溉制度。

由于灌溉制度和作物产量不同,造成水电费和产出收入等不同,导致同种作物单位面积纯收入不同,相比传统黄河水地面灌溉处理,玉米–40 kPa 灌水下限的纯收入减少,–20 kPa 灌水下限处理纯收入增加;葵花–30 kPa 灌水下限处理纯收入增加,其他灌水下限处理纯收入均减少。仅考虑单位面积纯收入,玉米和葵花最佳灌溉制度为两年春汇–30 kPa 处理对应灌溉制度。

相比传统黄河水地面灌溉,微咸水膜下滴灌减少了化肥和农药的使用量,有利于改善土壤水、热、盐、养分状况,保护生态环境,加快社会经济发展。

第 8 章　结　论

　　本书通过对田间春汇试验的分析,提出了适宜的春汇制度(引黄补灌制度),研究了典型作物不同微咸水膜下滴灌-引黄补灌制度下的作物需水规律,提出了适宜灌溉制度下的典型作物系数,通过对典型作物不同灌溉制度下的水盐运移及对作物生长、产量的分析,提出了适宜的微咸水膜下滴灌制度,通过对不同微咸水膜下滴灌-引黄补灌制度的土壤积盐效应、节水效益和经济效益分析,提出了最佳微咸水膜下滴灌-引黄补灌制度,为内蒙古河套灌区发展微咸水灌溉提供了理论支撑。主要研究结论如下:

　　(1)河套灌区中度盐碱地在前一年作物收获后未作灌溉处理情况下,需要制定科学的灌溉制度,在次年春季引黄河水灌溉农田。引黄河水灌溉定额越大,表层土壤中盐分、易溶性养分被淋洗得越充分,作物出苗率越高。引黄河水灌溉定额为 2 250 m^3/hm^2 时,两年春汇处理在非春汇灌溉年较一年春汇处理的典型作物出苗率减少约 4%,两年春汇处理在春汇灌溉年通过引黄河水春汇,作物播前表层 40 cm 可达到一年春汇处理的土壤含盐水平。

　　(2)作物生育期内耗水量与降雨和灌水有关,气候条件越适宜,作物蒸发蒸腾量越大,灌水控制下限和灌水频率越高典型作物耗水量越大。

　　(3)微咸水膜下滴灌-引黄补灌制度的土壤水分变化主要集中在地表 80 cm,土壤盐分变化主要集中在 0~100 cm;膜下滴灌水分入渗为点源入渗,湿润体形状在垂直于滴头所在竖直剖面近似为半椭圆形;0~100 cm 土层受表土蒸发影响,土壤中盐分随水分向地表迁移,0~40 cm 土层受灌溉水入渗影响,土壤中盐分随湿润锋向膜外迁移;灌水下限和春汇灌溉频率越高,膜内表层土壤含水率越高,淋洗盐分越充分,膜外表层土壤含盐量越高。

　　(4)水分对玉米和葵花的茎粗、株高、叶面积均有影响,灌水下限越高,玉米茎粗、株高、叶面积越大,玉米茎粗最大值出现越早,葵花的茎粗、叶面积越大,且葵花叶面积最大值出现越早,后期叶片衰老越迟缓。春汇频率越高葵花叶面积最大值出现越早。

　　(5)微咸水膜下滴灌-引黄补灌的灌水下限越高,玉米穗长越小、穗粗越大,玉米微咸水膜下滴灌-引黄补灌相对于传统黄河水漫灌处理减产最小,葵花百粒重和百粒仁重越大;春汇频率越高,玉米和葵花出苗率越高。葵花微咸水膜下滴灌-引黄补灌-30 kPa 处理相对于传统黄河水漫灌处理增产。

(6)微咸水膜下滴灌一方面淋洗土壤中的盐分,另一方面向耕地带入盐分,玉米试验田盐分积累主要在 40~80 cm,葵花试验田盐分积累主要在 40~100 cm。在玉米和葵花生育期内,一年春汇处理各土层均积盐,两年春汇处理表层 10 cm 均脱盐;灌水下限越低,试验田各层土壤积盐量越多,两年春汇-20 kPa 灌水下限处理土壤积盐量最少。

(7)微咸水膜下滴灌灌水下限越低,春汇频率越低,节水率越高,相同灌溉处理玉米节水率大于葵花节水率;玉米和葵花两年春汇-30 kPa 灌水下限处理纯收入均最大;微咸水膜下滴灌提高了水分利用效率,减少了化肥、农药使用量,有利于改善土壤水、热、盐、养分状况,有利于保护生态环境,加快社会经济发展。

综合考虑节水、增收、土壤环境和农艺措施,确定本试验玉米和葵花微咸水膜下滴灌-引黄补灌最佳灌溉制度为两年春汇-30 kPa 处理对应的灌溉制度,即每两年春汇一次,春汇灌溉定额 2 250 m^3/hm^2,玉米生育期灌溉微咸水 14 次,其灌溉定额为 3 300 m^3/hm^2,葵花生育期灌溉微咸水 10 次,其灌溉定额为 2 475 m^3/hm^2。

参 考 文 献

[1]赵卫兵,李国域.河套地区水资源开发利用分析[J].内蒙古水利,2013(1):63-64.

[2]高存荣,刘文波,冯翠娥,等.内蒙古河套平原地下咸水与高砷水分布特征[J].地球学报,2014,35(2):139-148.

[3]王强.浅论目前我国土地资源的现状[J].现代农业,2009,69(3):101-102.

[4]王晓峰.内蒙古盐碱地改良措施方法[J].现代农业,2012,33(3):77-81.

[5]刘新永,田长彦.棉花膜下滴灌盐分动态及平衡研究[J].水土保持学报,2005,19(6):84-87.

[6]王全九.咸水与微咸水在农业灌溉中的应用[J].灌溉排水,2002,21(4):73-77.

[7]王全九,单鱼洋.微咸水灌溉与土壤水盐调控研究进展[J].农业机械学报,2015,46(12):117-126.

[8]许一飞.对节水农业的新认识[J].节水灌溉,2000(2):13-15.

[9]山仑.借鉴以色列节水经验发展我国节水农业[J].水土保持研究,1999(1):118-121.

[10]宋常吉.北疆滴灌复播作物需水规律及灌溉制度研究[D].石河子:石河子大学,2013.

[11]王振华.典型绿洲区长期膜下滴灌棉田土壤盐分运移规律与灌溉调控研究[D].北京:中国农业大学,2014.

[12]许越.农业用水有效性研究[M].北京:科学出版社,1992.

[13]Narayan D.Root growth and productivity of wheat cultivals under different soil noisture condition[J]. International Journal of Ecology and Environmental Science. 1991, 17(1):19-26.

[14]张明.膜下滴灌技术发展现状及趋势分析[J].农业技术与装备,2010(200):15-16.

[15]马富裕,李蒙春,等.新疆棉花高产水分生理基础的初步研究[J].新疆农垦科技,1998(5):81-84.

[16]马富裕,季俊华,等.棉花膜下滴灌增产机理及主要配套技术研究[J].新疆农业大学学报,1999,22(1):63-68.

[17]郭力琼.微咸水滴灌土壤水盐运移规律研究[D].太原:太原理工大学,2016.

[18]山仑,康绍忠,吴普特.中国节水农业[M].北京:中国农业出版社,2004.

[19]科技部农村与社会发展司,中国农村技术开发中心.中国节水农业科技发展论坛文集[C].北京:中国农业技术科学出版社,2006.

[20]RAATS P A C. Steady infiltration from point sources, cavities, and basins[J]. Soil Sci. Soc. Am. Proc.,1971,35:689-694.

[21]PHILIP J R. Steady infiltration from buried, surface, and perched point and line sources in

heterogeneous soil: I. analysis[J]. Soil Sci. Soc. Am. Proc.,1972, 36:268-273.

[22]WARRICK A W. Time-dependent linearised infiltration: I. point sources[J]. Soil Soc. Am. J.,1974,38:383-386.

[23]WARRICK A W. Point and line infiltration calculation of the wetted soil surface[J]. Soil Sci. Soc. Am. J.,1985,49:1581-1583.

[24]LOCKINGTON D, PARLANGE J Y, SURIN A. Optimal predication of saturation and wetting fronts during trickle irrigation[J]. Soil Sci. SOC. Am. J., 1984, 48: 488-494.

[25]ASHER B J. Ch. Charach. Infiltration and water extraction from trickle irrigation source, The effective hemisphere model[J]. Soil Sci. Soc Am. J., 1986,50:882-887.

[26]OR D. Stochastic analysis of soil water monitoring for drip irrigation management in heterogeneous soils[J]. Soil Sci. Soc. Am. J., 1995,59:1222-1233.

[27]OR D. Drip irrigate in heterogeneous soils: stead-state field experiments for stochastic model evaluation[J]. Soil Sci. Soc. Am. J., 1996,60:1339-1349.

[28]OR D, COELHO F E. Soil water dynamics under drip irrigation: transient flow and uptake models[J]. Trans. ASAE, 1996,39(6):2017-2025.

[29]AKBAR A K. Field Evaluation of water and solute distribution of Point Source[J]. J. Irri, Drain, 1996,101:531-550.

[30]ASHER J B, et al. Solute transfer and extration from trickle irrigation source: the effective hemisphere model[J]. Water Resources Research, 1987,23(11):301-323.

[31]VAN Genuchten, et al. Analytical solutions for solute transport in three-dimensional semi-infinite porous media[J]. Water Resources Reesearch, 1991,27(10):684-701.

[32]WEST D W,MERRIGAN I F, TAYLOR J A,et al. Soil salinity gradients and groeth of tomato plants under drip irrigation[J]. Soil Sci., 1979,127(5):281-291.

[33]ALEMI M H. Distribution of water and salt in soil under trickle and pot irrigation regimes [J]. Agric. Water Manage., 1981(3):195-203.

[34]MOLAWA K,OR D. Root zone solute dynamics under drip irrigation: a review[J]. Plant and Soil, 2000,222:163-190.

[35]王全九,王文焰,吕殿青,等. 膜下滴灌盐碱地水盐运移特征研究[J]. 农业工程学报, 2000,16(4):54-57.

[36]吕殿青,王全九,王文焰,等. 膜下滴灌水盐运移影响因素研究[J]. 土壤学报,2002,39 (6):794-801.

[37]吕殿青.土壤水盐试验研究与数学模拟[D]. 西安:西安理工大学,2000:54-57.

[38]李明思,贾宏伟. 棉花膜下滴灌湿润锋的试验研究[J]. 石河子大学学报,2001,5(4): 316-319.

[39]马东豪,王全九,来剑斌,等. 膜下滴灌条件下灌水水质和流量对土壤盐分分布影响的 田间试验研究[J]. 农业工程学报,2005,21(3):42-46.

[40] 李明思,康绍忠,等. 地膜覆盖对滴灌土壤湿润区及棉花耗水与生长的影响[J]. 农业工程学报,2007,23(6):49-54.

[41] 张建新,王丽玲,王爱云. 滴灌技术在重盐碱地上种植棉花的试验[J]. 干旱区研究,2001,18(1):43-45.

[42] 吕殿青,王全九,主文焰,等. 膜下滴灌土壤盐分特性及影响因素的初步研究[J]. 灌溉排水,2001,20(1):28-31.

[43] 张琼,李光永,柴付军. 棉花膜下滴灌条件下灌水频率对土壤水盐分布和棉花生长的影响[J]. 水利学报,2004,(9):123-126.

[44] 赖波,蒋平安,单娜娜. 膜下滴灌条件下棉田耕层土壤中盐分变化的影响因素研究[J]. 新疆农业大学学报,2006,29(3):19-22.

[45] 李现平,石国元,韩晓玲,等. 棉花膜下滴灌土壤水盐运移规律浅析[J]. 中国农村水利水电,2004,(8):14-15.

[46] 刘新永,田长彦,吕昭智.膜下滴灌风沙土盐分变化及分布特点[J].干旱区研究,2005,22(2):172-176.

[47] 韩春丽. 滴灌条件下土壤水盐分布特点和微生物特性研究[D]. 乌鲁木齐:中科院新疆生态与地理研究所,2005.

[48] FEIGEN A, RAVINA I, SHALHEVET J. Effect of irrigation with treated sewage effluent on soil, plant and environment[M]. Irrigation with treated sewage effluent: management for environmental protection. Berlin: Springer-Verlag, 1991:34-116.

[49] OSTER J D, SCHROER F W. Infiltration as influenced by irrigation water quality[J]. Soil Science Society of American Journal, 1979,43(3):444-447.

[50] MURTAZA G, GHAFOOR A, QADIR M. Irrigation and soil management strategies for using saline-sodic water in a cotton-wheat rotation[J]. Agricultural Water Management, 2006,81(1-2):98-114.

[51] GREEN W H, AMPT G A. Studies on soil physics: 1. flow of air and water through soils [J]. Journal of Agricultural Science, 1911,4(1):1-24.

[52] HORTON R E. An approach toward a physical interpretation of infiltration capacity[J]. Soil Science Society of America Journal, 1941, 5(C):399-417.

[53] PHILIP J R. The theory of infiltration: The infiltration equation and its solution[J]. Soil Science,1957, 83(5):345-357.

[54] PHOGAT V, YADAV A K, MALIK R S, et al. Simulation of salt and water movement and estimation of water productivity of rice crop irrigated with saline water[J]. Paddy Water Environment,2010, 8(4):333-346.

[55] FORKUTSA I, SOMMER R, SHIROKOVA Y I, et al. Modeling irrigation cotton with shallow groundwater in the Aral Sea Basin of Uzbekistan: I. water dynamics[J]. Irrigation Science,2009, 27(4):331-346.

[56] MALASHA N, FLOWERS T J, RAGABC R. Effect of irrigation systems and water management practices using saline and non-saline water on tomato production[J]. Agricultural Water Management, 2005, 78(1-2):25-38.

[57] RAJINDER S. Simulations on direct and cyclic use of saline waters for sustaining cotton-wheat in a semi-arid area of northwest India[J]. Agricultural Water Management, 2004, 66(2):153-162.

[58] AYARS J E, HUTMACHER R B, SCHONEMAN R A, et al. Influence of cotton canopy on sprinkler irrigation uniformity[J]. Transactions of the ASAE, 1991, 34(3):890-896.

[59] ZARTMAN R E, GICHURU M. Saline irrigation water effect on soil chemical and physical properties[J]. Soil Science, 1984, 138(6):417-422.

[60] PADOLE V R, BHALKAR D V. Effect of irrigation water on soil properties[J]. PKV Research Journal, 1995, 19:31-33.

[61] KARIN. The effect of NaCl on growth, dry mater allocation and ion uptake in salt marsh and inland population of America maritima[J]. New Phytologist, 1997, 135(2):213-225.

[62] KARLBERG L, ROCKSTROM J, ANNANDALE J G, et al. Low-cost drip irrigation—a suitable technology for southern Africa: an example with tomatoes using saline irrigation water[J]. Agricultural Water Management, 2007, 89(1-2):59-70.

[63] TALEBNEJAD R, SEPASKHAH A R. Effect of different saline groundwater depths and irrigation water salinities on yield and water use of quinoa in lysimeter[J]. Agricultural Water Management, 2015, 144:177-188.

[64] 马东豪. 土壤水盐运移特征研究[D]. 西安：西安理工大学, 2005.

[65] 杨艳. 土壤溶质运移特征实验研究[D]. 西安：西安理工大学, 2006.

[66] 史晓楠, 王全九, 巨龙. 微咸水入渗条件下 Philip 模型与 Green-Ampt 模型参数的对比分析[J]. 土壤学报, 2007, 44(2):360-363.

[67] 吴忠东, 王全九. 微咸水钠吸附比对土壤理化性质和入渗特性的影响研究[J]. 干旱地区农业研究, 2008, 26(1):231-236.

[68] 杨艳, 王全九. 微咸水入渗条件下碱土和盐土水盐运移特征分析[J]. 水土保持学报, 2008, 22(1):13-19.

[69] 王全九, 叶海燕, 史晓楠, 等. 土壤初始含水量对微咸水入渗特征影响[J]. 水土保持学报, 2004, 18(1):51-53.

[70] 陈丽娟, 冯起, 王昱, 等. 微咸水灌溉条件下含黏土夹层土壤的水盐运移规律[J]. 农业工程学报, 2012, 28(8):44-51.

[71] 杨树青, 丁雪华, 贾锦风, 等. 盐渍化土壤环境下微咸水利用模式探讨[J]. 水利学报, 2011, 42(4):490-498.

[72] 王卫光, 王修贵, 沈荣开, 等. 河套灌区咸水灌溉试验研究[J]. 农业工程学报, 2004, 20(5):92-96.

[73]单鱼洋.干旱区膜下滴灌水盐运移规律模拟及预测研究[D].杨凌:中国科学院水土保持与生态环境研究中心,2012.

[74]陈艳梅,王少丽,高占义,等.基于Salt Mod模型的灌溉水矿化度对土壤盐分的影响[J].灌溉排水学报,2012,31(3):11-16.

[75]万书勤,康跃虎,王丹,等.微咸水滴管对黄瓜产量及灌溉水利用效率的影响[J].农业工程学报,2007,23(3):30-35.

[76]王丹,康跃虎,万书勤.微咸水滴灌条件下不同盐分离子在土壤中的分布特征[J].农业工程学报,2007,23(2):83-87.

[77]何雨江,汪丙国,王在敏,等.棉花微咸水膜下滴灌灌溉制度的研究[J].农业工程学报,2010,26(7):14-20.

[78]栗现文,靳孟贵.不同水质膜下滴灌棉田盐分空间变异特征[J].农业机械学报,2014,45(11):180-187.

[79]张余良,陆文龙,张伟,等.长期微咸水灌溉对耕地土壤理化性状的影响[J].农业环境科学学报,2006,25(4):969-973.

[80]王国栋,褚贵新,刘瑜,等.干旱绿洲长期微咸地下水灌溉对棉田土壤微生物量影响[J].农业工程学报,2009,25(11):44-48.

[81]肖振华,万洪富,郑莲芬.灌溉水质对土壤化学特征和作物生长的影响[J].土壤学报,1997,34(3):272-285.

[82]马文军,程琴娟,李良涛,等.微咸水灌溉下土壤水盐动态及对作物产量的影响[J].农业工程学报,2010,26(1):73-80.

[83]王在敏,何雨江,靳孟贵,等.运用土壤水盐运移模型优化棉花微咸水膜下滴灌制度[J].农业工程学报,2012,28(17):63-70.

[84]康双阳.河套灌区秋浇时间、秋浇定额和秋浇形式[J].内蒙古水利科技,1988(1):10-12.

[85]孟春红,杨金忠.河套灌区秋浇定额合理优选的试验研究[J].中国农村水利水电,2002(5):23-25.

[86]冯兆忠,王效科,冯宗炜.内蒙古河套灌区秋浇对不同类型农田土壤盐分淋失的影响[J].农村生态环境,2003,19(3):31-34.

[87]管晓艳,高占义.河套灌区秋浇定额对农田土壤盐分淋失的影响[C]//现代节水高效农业与生态灌区建设(下),2010:463-470.

[88]罗玉丽,姜丙洲,卞艳丽.秋浇定额对土壤盐分变化的影响分析[J].水资源与水工程学报,2010,21(2):118-123.

[89]李瑞平,史海滨,等.基于SHAW模型的内蒙古河套灌区秋浇节水灌溉制度[J].农业水土工程,2010,26(2):31-36.

[90]罗玉丽,姜秀芳,曹惠提,等.内蒙古引黄灌区适宜秋浇定额研究[J].水资源与水工程学报,2012,23(3):131-134.

[91]刘福汉.农用灌溉水质的评价[J].灌溉排水学报,1989,8(4):41-44.

[92]农业部环境保护科研监测所.农田灌溉水质标准:GB 5084—2005[S].北京:中国标准出版社,2006:3-6.

[93]中华人民共和国水利部.灌溉试验规范:SL 13—2014[S].北京:中国标准出版社,2015.

[94]马树庆,王琪,吕厚荃,等.水分和温度对春玉米出苗速度和出苗率的影响[J].生态学报,2012,32(11):3378-3385.

[95]马金慧,杨树青,史海滨,等.基于土壤水盐阈值的河套灌区玉米灌水制度[J].农业工程学报,2014,30(11):83-91.

[96]梁一刚,杨新元,黄增强.向日葵出苗阶段耐盐性的测定[J].中国油料,1988,2(1):70-73.

[97]孔东,史海滨,陈亚新,等.水盐胁迫对向日葵幼苗生长发育的影响[J].灌溉排水学报,2004,23(5):32-35.

[98]王伦平,陈亚新.内蒙古河套灌区灌溉排水与盐碱化防治[M]北京:水利电力出版社,1993.

[99]李法虎,傅建平,孙雪峰.作物对地下水利用量的试验研究[J].地下水,1992,14(4):197-202.

[100]张义强,高云,魏占民.河套灌区地下水埋深变化对葵花生长影响试验研究[J].灌溉排水学报,2013,32(3):90-92.

[101]史海滨,田君仓,刘庆华.灌溉排水工程学[M].北京:中国水利水电出版社,2006.

[102]刘钰,PEREIRA L S,TEIXEIRA J L,等.参照腾发量的新定义及计算方法对比[J].水利学报,1997(6):27-32.

[103]焦艳平,高巍,潘增辉,等.微咸水灌溉对河北低平原土壤盐分动态和小麦、玉米产量的影响[J].干旱地区农业研究,2013,31(2):134-140.

[104]李金刚,屈忠义,黄永平,等.微咸水膜下滴灌不同灌水下限对盐碱地土壤水盐运移及玉米产量的影响[J].水土保持学报,2017,31(1):217-223.

[105]王佳丽,黄贤金,钟太洋,等.盐碱地可持续利用研究综述[J],地理学报,2011,66(5):673-684.

[106]邵景力,崔亚莉,李建萍,等.包头市水资源系统经济效益分析[J],长春科技大学学报,1998,28(3):303-330.